KB031636

나를 아끼는 정성스러운 생활

asako

hibi hibi NO TEINEINA KURASHI by asako
Illustration & Photographs by asako
Copyright ©asako, 2021
All rights reserved.
Original Japanese edition published by ASA Publishing Co., Ltd.

Korean translation copyright ©2023 by CYPRESS
This Korean edition published by arrangement with ASA Publishing Co., Ltd., Tokyo,
through HonnoKizuna, Inc., Tokyo, and Eric Yang Agency, Inc.

나를 아끼는 정성스러운 생활

asako

CYPRESS

시작하며

일상을 담은 브이로그를 유튜브 채널 'hibi hibi(히비 히비)'에 올리기 시작한 지 2년이 넘었다. 처음 채널 구독자는 친구 한 명을 포함해 세 명이었는데, 내가 올린 영상을 다른 누군가가 본다고 생각하니 절로 마음 벅차오르고 설레었던 때가 아직도 선명하다. 그랬던 채널을 어느새 12만 명이 넘는 분들이 구독해 주시니 그분들에게 감사할 따름이다.

소소한 일상을 영상으로 담아내는 일이 그저 즐겁고, 그 영상을 봐 주는 사람들이 있다는 사실이 기뻐서 지금껏 브이로그를 만들 수 있었다. 유튜브를 본 구독자들이 가끔 "정말이지 정성스러운 생활이네요."라는 감상을 남겨 주기도 한다. 이 책의 제목이기도 한 '정성스러운 생활'.

사실 정성스러운 생활을 하고 있다고는 감히 생각해 본 적 없다. 한 번도 의식하지 않았던 '정성'이라는 말은 그저 멀게만 느껴지는 표현이었다. 그런데 어쩌면 집안 살림을 몸에 익히고 살림살이를 정돈하면서 이미 '정성'과 마주하고 있었는지도 모른다.

내 나름의 '정성'은 무엇일까 돌아보면서, 지금의 생활에 이르게 된 계기와 일상을 가꾸면서 겪은 우여곡절을 오롯이 이 책에 담았다. 그러다 보면 '정성스러운 생활'이라는 말을 나만의 이야기로 풀어낼 수 있으리라 생각하면서.

이 책이 저마다의 '정성'을 발견하는 계기가 되어 준다면 더할 나위 없이 기쁠 것 같다.

Contents

2장

애쓰지 않아도 개운할 수 있다니

3장

습관처럼 비워서
생활에 어울리는 만큼만

4장

하루하루가 쌓여 '정성스러운 생활'이 된다

1장

집안일이 싫어서
집안일을
'습관화'하기로 했다

01

생활은 좋은데
청소는 싫고

'생활'이란 걸 좋아한다. 사람에게는 저마다 역할이 있고 자연스레 각자의 역할을 다하며 살아가는데, 이를 뒤에서 받쳐주는 것이 바로 생활이기 때문이다.

엄마, 아빠, 아이, 젊은이, 할아버지, 할머니까지 꼭 연극 등장인물 같네. 가끔 이런 생각을 하며 사람들을 바라보곤 한다. 저마다 주연인 세상에서, 각자의 배경에는 어김없이 '생활'이 있다.

아침에 일어나면 밥을 차리고(또는 다른 이가 차리고), 식사하고, 한숨 돌리고, 청소하고(또는 다른 이가 청소하고), 빨래를 돌린다(역시 다른 이가 하기도 한다). 이런 일상이 어김없이 찾아올 수 있도록 사람 수만큼이나 다채로운 생활이 곳곳에 있다고 생각하면 절로 마음이 부풀어 오른다.

생활에서는 자연스레 그 사람의 향기가 묻어난다.

저마다 하고 싶은 일을 하면서 마음 편히 시간을 보낸다니, 이 얼마나 멋진 일이란 말인가! 그래서일까? '생활'을 생각하면서 사랑 비슷한 감정마저 느낀다. 무엇과도 바꿀 수 없는 소중한 것이 바로 생활이다.

처음으로 '생활'을 의식하기 시작한 건 언제쯤이었을까? 아마도 사회에 첫발을 내딛고 부푼 마음으로 독립했을 때였을 것이다. 기대로 가득했던 마음은 업무에 닳고 또 닳아 생활을 즐기자는 마음은 온데간데없이 사라지고, 하루를 버티어 내는 데 급급한 나날이 이어졌다.

온 힘을 다해 일하면서 그럭저럭 지낼 때도 즐겁기는 했지만 만족스러웠던 것은 아니어서 이따금 어딘지 모를 부족함을 느꼈다. 난 대체 뭘 하고 싶은 걸까? 이런 생각이 들면 기분이 축 처졌다. 요즘처럼 인터넷이 편하지 않았던 때여서 쉬는 날엔 단골 가게를 찾아가 '이것 참 근사하네!' 감탄하며 마음을 달랬다.

나무 도시락

도시락에 얹은 영귤

왼쪽) 마음에 쏙 드는 주방 도구
가운데) 냄비 뚜껑
오른쪽) 대나무 바구니

특히 생활용품을 파는 인테리어 숍을 좋아했는데, 가게에 진열된 라이프 스타일 책을 볼 때면 마음이 들떴다. 손으로 하는 일이나 주방 도구, 집 안 정돈하는 방법 등을 읽으면서 '이렇게 지낼 수도 있구나.', '나도 이렇게 살아 볼까?' 즐거운 상상에 푹 빠져 괜스레 설레곤 했다.

하지만 하루아침에 생활을 바꿀 수는 없는 노릇이다. 그래서 쉬운 일부터 시작해 보기로 했다. 먼저 나무 도시락(비교적 관리가 수월해 보이는 홋카이도 오케크라프트 제품)을 사서 날마다 도시락을 챙겨 회사에 출근했다. 무엇보다 도시락 통이란 걸 써 보고 싶었다!

지금도 소중히 가지고 있는 요리사 와타나베 마키의 도시락 레시피 책을 보며 영귤(어쩌면 가보스인지도 모르겠다)을 가로썰어서 보기 좋게 얹어야겠다고도 생각했다. 이유는 역시나 예뻐 보였으니까.

설레는 마음으로 시작한 도시락 만들기였지만 때론 귀찮게 느껴지기도 했다. 그래도 꿈에 그리던 생활에 한발 가까이 다가서고 나니 아끼는 도시락 통이 있다는 사실에 소소한 행복을 느꼈다. 그렇게 조금씩 생활 속 기쁨을 맛보던 때가 있었다.

결혼한 뒤로 가구와 생활용품을 갖추어 나가면서 생활을 대하는 마음이 한층 깊어졌다. 그와 동시에 든 생각은 '아무래도 난 청소에 소질이 없나 봐.'였다. 마음에 드는 가구와 생활용품으로 가꾸었건만 집은 어딘지 모르게 너저분했다.

사실 혼자 살 때도 늘 청소에 서툴러서 집이 어수선하긴 했다. 서글프게도 아끼는 물건들을 한데 모아 잘 지내 보려 하면 할수록 도드라져 보이는 빛과 그림자. 청소는 너무나 또렷이 드러나는 나의 약점이었다.

청소가 싫다.
청소에 서툴다.
청소가 귀찮다.

이것이 나의 3대 고민이다.

하지만 청소를 게을리하면 꼭 끈적이는 주방과 더러운 화장실이 눈에 들어왔다. 마음 편히 쉬기는커녕 집에 있는 게 가시방석처럼 느껴지기도 했다. 그래도 좋아하는 인테리어 숍에 진열된 책에서 본 생활에 두근거리는 마음은 남아 있었기에, 만족스러울 만큼은 아니어도 그럭저럭 청소를 하기는 했다.

'지금 이대로 괜찮을까?'라는 의문과 함께 하루하루가 흘러갔다. 마음에 드는 물건을 사서 기쁘다가도 왠지 모를 불안감에 초조했다. 이런저런 이유로 '생활' 자체는 좋아해도 청소만큼은 언젠가부터 잘 모르는 일, 생각하기 싫은 일로 변해 갔다.

02

해묵은 얼룩 속
진짜 내 모습

진짜 내 마음을 알아채는 건 생각보다 어려운 일이다. "겉과 속이 다르다."라는 말은 남에게만이 아니라 나 자신에게도 해당하는 말 아닐까?

'이러면 안 되겠지?'라며, 하고 싶은 일을 앞에 두고도 고정관념에 사로잡혀서 슬며시 마음속에 묻어 버릴 때가 있다. 속마음을 습관적으로 감추다 보면 마음이 무뎌져서 나 자신의 속마음을 알아채기가 점점 힘들어진다.

참 신기하지. 늘 보거나 해 오던 일이 너무 당연해져서 별것 아닌 듯 눈에 들어오지 않게 되는 걸 보면. 집에 쌓인 먼지도 마찬가지다. 뭐에 씌기라도 했는지 너저분한 집 안 곳곳을 무심하게 지나치게 되고, 집은 점점 더 지저분해진다. 더러움에 무감각했던 때의 나는 이런 모습이었다.

- 열심히 일하며 '하하 호호' 즐겁게 지내고 싶은데 왠지 모르게 우울하고 의욕이 없다.
- 이유는 모르겠지만 일들이 잘 풀리지 않아 다람쥐 쳇바퀴 돌듯 지낸다.
- 청소할 짬이 나지 않아 집은 점점 너저분해지는데 막연하게 행복해지고 싶다.
- '책에서 본 그걸 사면 행복해질지도 몰라.' 꼭 사야겠다는 생각에 조바심이 들어 초조하다.

나는 뭘 하고 싶었던 걸까? 열심히 일해서 이것저것 사들일 때는 잠시 행복감에 젖기도 하지만 어째서인지 마음 한구석은 늘 메말라 있었다. 이런 상황이 되풀이되고 있다는 생각이 들자 정신이 번쩍 들었다. 아닌 게 아니라 나는 지쳐 있었다.

안절부절 이러지도 저러지도 못하다가 이럴 바엔 차라리 과감하게 바꿔 보자는 생각으로 시작한 게 대청소였다. 무언가가 잘못되었다는 생각이 든다면 삶의 힌트로 삼으라는 취지의 글을 때마침 어느 책에선가 읽은 터였다. 아, 지금이구나. 이게 바로 힌트구나. 그래서 잘하지 못해 그저 멀리하고 싶었던 청소에 팔을 걷어붙여 보기로 했다. 역시 발등에 불이 떨어져야 정신이 드는 법이다.

대청소는 가장 마음이 쓰였던 주방부터 시작하기로 했다. 집에서 프리랜서로 일하니까 일하는 중간에 짬을 내면 되겠다 싶었다. 그렇게 날마다 조금씩 주방을 치워 나갔다.

쌓일 대로 쌓인 찌든 때는 끈질기고 집요했다. 특히 눈 뜨고 보기 힘들었던 환기팬 주변은 베이킹 소다와 세스퀴 탄산소다를 비롯한 온갖 방법으로 기름때를 문질렀다. 끈적끈적한 기름때와 씨름하고 있자니 이 지경이 되도록 방치한 나 자신이 딱했지만 아랑곳하지 않고 담담하게 닦았다. '이렇게 더러운 줄 몰랐네!' 하고 한숨을 푹푹 내쉬면서.

고개를 빳빳이 들고 환기팬을 닦다 보니 목은 뻐근하고 싱크대를 북북 문지르다 보니 손가락은 저릿했다. 청소가 이렇게 힘들 줄이야. 그렇다고 물러설 수는 없는 노릇이었다. 마음을 다잡고 그저 열심히 닦았다.

주방은 서서히 윤이 나기 시작했다. 아직 닦을 곳이 태산이었지만, 그럼에도 반드르르한 주방을 보는 게 대체 얼마 만인지! 멀끔해진 주방 덕에 한결 정갈해 보이는 집은 공기마저 개운해서 예전과 사뭇 달랐다. 주방이 이렇게나 기분 좋은 공간이었다니. 새삼 내가 사는 집에 고마움을 느꼈다.

나 몰라라 했던 해묵은 때를 차근차근 벗겨 냈더니 내가 정말로 기쁠 때는 언제인지, 슬플 때는 언제인지 오롯이 느낄 수 있었다. 조금 과장해서 말하자면 주방만 깨끗해진 것이 아니라 일생일대의 진리를 깨우친 느낌이라고나 할까. 찌든 때를 벗겨 내고 멀끔해졌을 때의 상쾌함을 맛보고 나서야 비로소 나 자신을 온전히 바라볼 수 있었다.

03

정리하고 싶을 땐 노트에 적어 내려가기

어렵게만 느꼈던 일들을 하나둘 해 보고 보람을 느끼면서 살림살이를 비우는 재미와 기쁨도 알아 갔다. 살림살이를 사는 것도 설레는 일이었건만 비우는 건 그보다 더 두근거렸다. 물건을 집에 들일 때와는 달리 비우기는 하고 싶은 만큼 마음껏 할 수 있었으니까. '이거 재미가 쏠쏠한걸.' 내친김에 싹 정리해 보기로 했다.

살림살이를 정리하려면 먼저 집 안 상태를 두루두루 알아 두어야겠다 싶었다. 그래서 정리하기에 앞서 어느 수납공간에 어떤 물건이 있는지 노트에 그려 보기로 했다. 굳이 그림을 그린 이유는 글자보다 눈에 잘 들어오기 때문이었다.

•현관 신발장
•찬장 속
•업무용 책장의 수납공간
•의류(용도별)

내가 사는 집만큼은 훤히 꿰고 있다고 생각했는데, 있는 줄도 모르고 나 몰라라 했던 물건들이 여기저기에서 튀어나왔다. 속으로만 생각하다가 직접 살림살이를 노트에 그려 보니 물건을 그대로 둘지 버릴지 마음 정하기가 쉬웠다. 노트에 무언가를 쓴다는 것은 재미도 있었고 그리 어려운 일도 아니었다.

그래서 '억눌렀던 말'과 '감정'도 노트에 슬며시 끄적여 보았다. 직접 글씨를 써 보니 모락모락 피어오르던 생각에 현실감이 더해졌다. 내 일인데도 이렇게나 느낌이 다르다니. 혹시 지금껏 불안했던 건, 내 일인데도 남 일 보듯 무감각해져서 와닿지 않았기 때문은 아니었을까?

•이건 좀 아니지!
•너무 제멋대로인 거 아니니?

평소에 속으로 삭였던 말과 아마도 입 밖으로는 꺼내지 못할 말을 담담히 노트에 적어 나갔다. 시작은 조심스러웠지만, 점점 이런저런 이야기를 솔직하게 적을 수 있게 되자 속이 뻥 뚫리는 기분이었다.

- 사실 별로 내키지 않아.
- 그건 정말 좋은데.
- 너무 화나는 일이었어.

감정도 마찬가지였다. '내가 느끼는 감정도 크게 걱정할 건 없겠구나.' 막상 적어 놓고 보니 이런 생각이 들어서 몸에 잔뜩 들어갔던 힘이 사르르 풀렸다.

'내 마음은 어린 시절 내 모습 그대로네.' 노트에 '억눌렀던 말'과 '감정'을 고스란히 적어 보며 느낀 점이었다. 몸은 이렇게 컸어도 알맹이는 여전하다니, 왠지 모르게 마음이 놓였다.

지금까지 옴짝달싹하지 못했던 것은 너무 많은 정보에 휩쓸리고 온갖 물건을 붙들고 있느라 정리하기 힘겨운 지경에 이르렀기 때문은 아니었을까? 집을 가꾸려고 살림살이를 이리저리 정리하다 보니 뜻밖에 마음까지 정리되었다. 내 마음을 들여다보기가 한결 쉬워졌다.

사실 책에서 "스스로에게 솔직해져라."라는 문장을 볼 때마

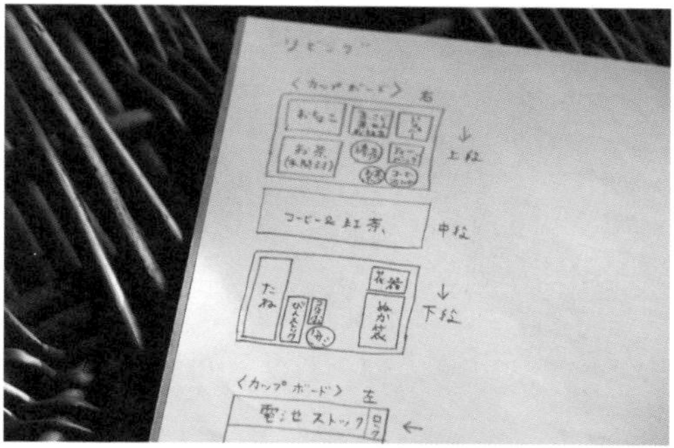

노트에 적어 내려가며 머리 비우기

다 뜬구름 잡는 소리 같아서 고개를 갸웃하곤 했다. '스스로에게 솔직하지 않을 수가 있나?'라고 생각했었으니까.

그런데 서툴렀던 청소도 해 보고 속에 있던 말과 감정을 있는 그대로 적어 보면서 깨달았다. 나는 일상에서 겪는 일들을 있는 그대로 받아들이지 못했다는 사실을 말이다. 그렇게 조금씩 진짜 나의 마음을 살필 수 있게 되었다. 이런 경험은 처음이었다. 여태껏 내 마음은 '지금 이 순간'에 없었던 것인지도 모른다.

이제는 노트만 있으면 뭐든지 오케이. 무엇이든 노트에 적어 보고, 내 생각과 물건이 또렷이 글자와 그림이 되면 마음이 놓인다. 머릿속에 여백이 생겨 개운한 건 덤이다. 이런 후련한 느낌을 잘 간직해야지. 마음을 가다듬어 주는 이런 경험이 있어 지금의 생활이 있다.

04

감정은 사물과 맞닿아 있다

기쁨, 분노, 슬픔, 즐거움. 감정은 모든 것을 말해 준다. 너무 당연해서 쉽게 잊곤 한다. 우리가 자연스럽게 느끼는 감정은 진짜 속마음을 알려 주는 리트머스 종이 같은 거라는 사실을. 나는 이런 감정을 소홀히 하고 싶지 않다.

사람이라면 저마다 잘하고 못하는 일이 있기 마련인데, 나는 희로애락이라는 감정 중에서 유독 '분노'와 '슬픔'을 있는 그대로 받아들이는 데에 서툴렀다. 내가 느끼는 분노와 슬픔을 잘 알아차리지 못했는데, 어쩌면 애써 고개를 돌리고 싶었던 것인지도 모른다.

화나고 슬픈 감정은 설레는 일도 반길 만한 일도 아니니까.

화내고 슬퍼하면 어딘지 모르게 한심하고 볼썽사납다고 여겼다. 그래서 화날 때는 괜찮다고 감정을 억누르며 착한 사람인 척했고, 슬플 때는 나는 아무렇지 않고 상처받지도 않았다며 의연한 척했다.

이렇게 지내다 보니 마음은 서서히 무뎌졌고, 언제부터인가 감정이 잘 와닿지 않았다. 감정을 마음 깊이 감추어 두고서 스스로를 속이고 있었던 것이다. 감정을 숨기는 것은 꽤 고달픈 일이었다.

아이들은 어쩜 저렇게 감정을 내보일 수 있을까? 아, 아이들은 스스로에게 거짓말을 하지 않는구나. 그런 아이들이 내심 부러웠다. 그렇다고 다 큰 어른이 아이처럼 감정을 드러내면 남들이 멀리하지는 않을지 걱정스러워서 솔직한 감정을 좀처럼 내보이지 못했다.

이런저런 이유로 감정을 숨기다가 마음이 꽉 막혀 버렸다. 어느새 켜켜이 쌓인 감정. 들여다보기조차 싫은 감정은 고여만 갔다. 금방이라도 터질 듯 빈틈없이 들어찬 감정은 마치 꽉 막힌 공기 같았다. 이런 감정들을 끌어안고 있으니 좋을 리 없었다.

마음이 꽉 막혔을 때 자꾸 눈에 걸려 신경 쓰이는 것이 있었는데, 바로 손이 가지 않는 살림살이였다. 물건은 쌓일 대로 쌓이고 감정은 무겁게 내려앉아 모든 게 버거웠다. 가지런히 정돈된 집에서 몸도 마음도 가뿐히 지내고 싶었는데. 아, 더는 안 되겠어. 어느샌가 나는 쓰지 않는 살림살이를 하나둘 정리하고 있었다. 아니, 그렇게 해야만 했다.

'놔두면 쓰지 않을까? 이게 다 추억인데.' 은근슬쩍 한 자리씩 차지하고 있는, 더는 손이 가지 않는 물건들이 빛바랜 나의 마음을 대변해 주고 있었다. 추억이 담긴 앨범과 사진 한 무더기를 시작으로 더는 마음이 가지 않는 옷과 가방, 신발까지 일일이 기억 못 할 만큼 많이도 버렸다.

쓰임을 잃은 물건들에 새 주인을 찾아 주었다면 어땠을까? 하지만 물건들에서 제법 세월이 느껴지기도 했고, 하루빨리 치워 버리고 싶어서 마음을 모질게 먹었다. 버릴 것이 너무 많아 한꺼번에 버리기 머쓱해서 한 달에 걸쳐 조금씩 쓰레기 수거일에 내다 버렸다.

매주 쓰레기 수거일이 돌아오면 쓰레기봉투를 버리러 나가기가 세상 부끄러웠다. 어쩌다가 같은 아파트 이웃 주민과 마주치기라도 하면 "앗, 먼저 버리셔도 돼요." 하고 방긋 웃으며 상황을 모면하고는 몰래 식은땀을 훔쳤다. "요즘 쓰레기가 좀 많네요.”라는 웃음기 머금은 인사에 심장이 콩닥콩닥 벌렁벌렁해서 “앗, 그거 저 때문이에요. 죄송해요!”라고 실토하기도 했다. 왜 필요 없는 물건을 이토록 껴안고 있었을까? 한없이 서글프다가도 기가 막혔다.

이렇게 나는 40리터 쓰레기봉투를 빵빵하게 스무 개쯤 만들어 냈다. 그렇게 많이 버렸건만, 물건들이 집을 떠나고 나면 무엇을 가지고 있다가 무엇을 버렸는지 가물가물했다. 기억도 나지 않을 물건들을 잔뜩 쌓아 두고 지냈단 말인가. 다시금 기가 막혔다.

한결 여유로워진 옷장 안을 바라보니 마음이 평온하게 가라앉았다. 홀가분하고 상쾌하고 즐겁고 기뻤다. 같은 옷장인데 느낌이 이토록 다르다니. 옷장을 바라보며 이렇게 기분 좋은 적은 처음이었고, 평소에 은근슬쩍 덮어 두었던 감정인 분노와 슬픔에도 비로소 눈을 돌릴 수 있었다.

‘나 화 안 났어.’, ‘하나도 안 슬퍼.’ 없는 일인 듯 두 눈을 꼭 감았지만, 부정적인 감정은 마음 한쪽에 더부룩하게 쌓여 가고 있었다. 어쩌면 이런 감정들이 차마 버리지 못하고 옷장 안에 쌓아 두었던 옷들과 맞닿아 있던 것은 아닐까? 마주하고 싶지 않았던 분노와 슬픔은 대책 없이 쌓아 두었던 물건이나 다름없었다. 쌓아 둔 물건을 마주하면서 내 안의 분노와 슬픔도 마음껏 바라볼 수 있었고, 물건들을 비워 내자 마침내 그런 감정들에서도 벗어날 수 있었다. 그래, 나는 화가 났던 거였어. 슬펐던 거야. 한결 말끔해진 방 안에서 비로소 분노와 슬픔을 끌어안고 있던 내 마음을 들여다볼 수 있게 되자 몸도 마음도 한층 더 가뿐해졌다.

옷장과 '분노', '슬픔' 같은 부정적인 감정은 이어져 있었다.

05

해 보지 않으면 모른다

일단 어떤 일에 내가 '서투르다'는 생각이 들면 멀리하게 되기 마련이다. 나에게는 학교 시간표처럼 틀에 박힌 일상을 되풀이하는 일이 바로 그랬다.

그런데 살림살이를 비우기로 마음먹고 방법을 찾다가 문득 이런 생각이 들었다. 지금껏 나하곤 안 맞는다고 생각했는데, 차라리 날마다 같은 일을 반복하면 내 성격에도 맞고 집안일도 쉽게 할 수 있지 않을까?

일일이 생각하지 않아도 습관처럼 몸이 먼저 움직인다면 어떨까? 매번 숙제하듯 집안일을 하는 것보다는 나을 테니 몸이 먼저 움직이는 집안일 루틴을 만들어 보기로 했다. 노트에 적어 내려가기의 효과는 이미 잘 아는 터라, 먼저 내가 하루를 어떻게 보내고 있는지 직접 적으며 확인해 보았다.

그러던 어느 날, 차를 타고 가다가 문득 공사 현장의 작업 공정표가 눈에 들어왔다. 공정표야 공사 현장을 지날 때마다 볼 수 있는 것이지만, 그날 본 공정표는 동그라미 안에 일정을 적은 조금 남다른 모양새였다. '아기자기하게 만들었네. 유치원에 붙여도 어울리겠어. 여름 방학 때 그리면서 놀았던 생활 계획표 같기도 하고.' 이내 포근하고 아련한 추억에 젖어 들었다.

어설퍼도 재미만 있다면 첫발을 떼기가 한결 수월하지 않을까? 그렇다면, 생활 계획표다! 공사 현장에서 본 공정표를 본떠 생활 계획표를 그려 보기로 했다. 공정표와 똑같이 그리니 24시간이 다 담기지 않아서 원을 24개로 나누었다.

- 몇 시에 일어나서 몇 시에 자는가?
- 집안일에 얼마만큼의 시간을 들이는가?
- 업무에 얼마만큼의 시간을 들이는가?
- 식사에 얼마만큼의 시간을 들이는가?

하나하나 적으며 대강 하루 계획을 짜 보았다.

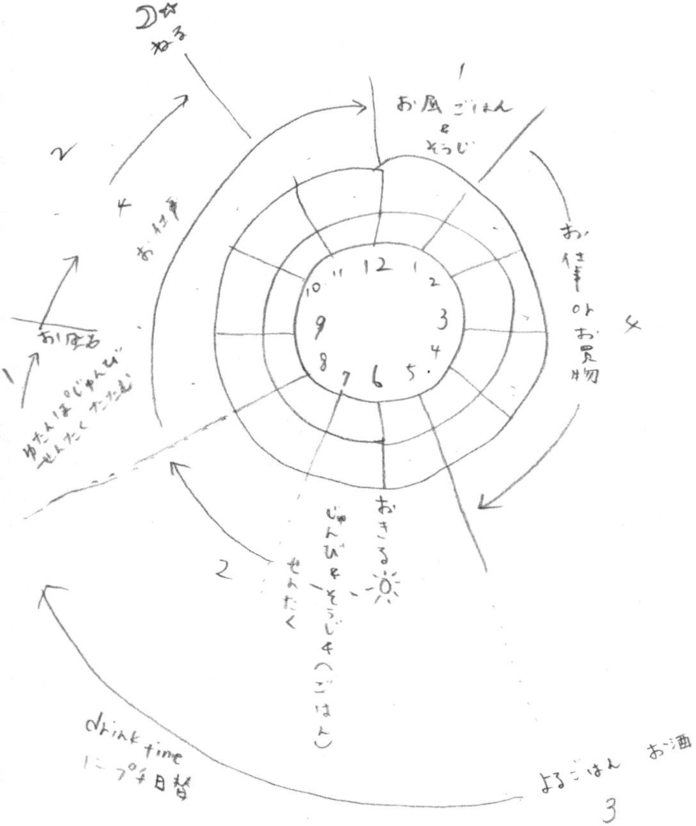

갓 완성한 따끈따끈한 생활 계획표.
아직 24개로 나누기 전이다.

엄청 바쁘게 지낸다고 생각했는데 하루 동안 하는 일이 고작 이거라고? 24시간 생활 계획표를 그려 놓고 든 생각이었다. 생각보다 하는 일이 별로 없었다. 물론 정말 바쁜 날도 있기는 했다. 하지만 늘 이것저것 생각하느라 마음이 번잡해서 눈코 뜰 새 없이 바쁘다고 느꼈는지도 모른다. 그래서였다. 이 정도는 할 수 있겠다는 생각이 든 건.

당분간 아침에 눈떠서 밤에 잠들 때까지 깔끔하게 생활 계획표에 맞추어 지내 보기로 했다. 자고로 언제 무엇을 하는 게 좋은지는 직접 겪어 보아야 알 수 있는 법. 계획표를 벽에 붙여 두고 의지를 다졌다(벽에 붙은 생활 계획표를 보고 남편의 두 눈이 휘둥그레졌다).

생활 계획표대로 지낸다니, 다시 여름 방학이 찾아오기라도 한 듯 마음이 들떴다. 이렇게 신선한 방법은 오랜만이라 가슴이 뛰었다. 시작은 살림살이를 비워 보겠다는 제법 진지한 생각이었는데 기분은 이미 소꿉놀이다. 신나는 일은 뜻밖에 가까이에 있구나. 나에게 기쁨을 안겨 준다는 것은 어쩌면 세상에서 가장 설레는 일이다.

나는 시간이 흐른다는 사실에 조바심을 느끼곤 했다. 그런데 막상 매일매일의 생활을 살펴 만든 계획표대로 지내 보니 '이

일엔 이만큼만 시간을 써도 되겠네.', '이렇게 시간을 나누니까 나한테 꼭 맞는구나.' 싶었다. 조바심을 낼 필요가 없었다.

예전에는 집안일을 하면서도 이 일에 이렇게 시간을 들여도 괜찮을까 싶어 마음이 편치 않았다. 그래서 집안일이 부담으로 다가왔던 것은 아니었을까? 어쩌면 기분 탓이었을 수도 있겠구나. 집안일에 소질이 없다고 생각했던 이유를 비로소 깨달았다. 생활 계획표에 그려 넣은 대로라면 집안일은 24시간 중 아주 잠시니까 걱정을 내려 두고 집안일에 마음을 쏟을 수 있었다.

'왜 집안일이 싫었을까?'
'집안일을 귀찮게 느꼈던 이유가 뭘까?'

바쁜 와중에 숨 돌릴 시간도 있었으면 좋겠는데, 집안일만 하다가 하루를 끝내고 싶지는 않다는 마음도 집안일을 싫어하게 되는 데에 한몫했다. 하지만 계획표를 그려 보고 한숨 돌릴 시간도, 일할 시간도, 살림할 시간도 넉넉하다는 사실을 눈으로 확인하고 나니 그제야 마음이 놓였다.

속으로 끙끙 앓기보다 펜으로 적고 그대로 움직여 보면 이내 이해되는 것들이 있다. 나와는 맞지 않는다고 여겼던 계획대로의 삶을 살아 보며 얻은 깨달음이다.

하루의 생활 속 좋아하는 풍경
위) 아침, 방에 스며드는 햇빛
가운데) 낮, 쿠로, 시로와 노는 시간
아래) 밤, 둘도 없이 좋아하는 저녁 반주

칼럼 1

여름

여름 식탁은 그야말로 여름 텃밭의 빛깔이다. 초록, 빨강, 노랑. 선명하고 생기 넘치는 색감이 정말이지 눈부시다. 봄의 여린 빛깔을 지나면 변함없이 찾아오는 생기 가득 머금은 여름 기운과 물씬 번지는 초록 잎의 향기.

더위가 무겁게 짓누르지만, 그렇기에 어떻게 하면 좀 더 시원하게 보낼지 궁리하는 시간도 빼놓을 수 없는 즐거움이다. 소소하지만 몸의 열을 식혀 주는 여름 채소를 담뿍 먹는다. 특히 오이! 더위로 몸이 후끈해졌을 때 딱이다.

여름에 나는 방울토마토도 산을 오르면서 언제든지 꺼내 먹을 수 있는 간식으로 빼놓으면 섭섭하다. 여름을 보내는 우리에게 꼭 필요한 것을 결실로 나누어 주는 채소. 다시 생각해도 정말이지 감탄스럽다.

땀에 젖은 몸으로 오이 소금 무침을 먹을 때면 고마운 마음이 절로 든다. 더위가 수그러드는 일몰 전, 온종일 활기 넘치던 유지매미를 대신해 우수에 찬 저녁매미의 울음소리를 들을 수 있는 시간도 여름이 더할 나위 없이 좋은 이유다. 바이올린 음색처럼 어찌나 아름답고 애처로운지. 그렇게 작은 몸으로 어쩌면 그토록 부질없이 굳셀 수 있는지 감동이다. 물론 그런 감동도 잠시, 더위에 허덕이는 시간이 훨씬 많긴 하지만.

더위가 절정에 이르면 생기 넘치는 폭포와 강물을 보러 조금 멀리 나가곤 한다. 멀다고 해 봤자 차로 한 시간 정도면 갈 수 있는 거리이긴 하지만, 일상의 더위를 싹 날려 버리는 청량감 가득한 물이 지닌 힘은 말로 다 설명을 못 한다. 더위에 파김치가 되었다가도 절로 신바람이 난다.

그렇게 자연의 위대함을 온몸으로 한껏 느끼다가 오봉(양력 8월 15일을 중심으로 조상의 영혼을 맞이하고 배웅하는 축제를 열며 보내는 일본의 명절-옮긴이)을 넘기면 해가 진 뒤에는 더위가 누그러져 몸이 한결 편안해진다.

그와 동시에 머릿속을 스치는 것은 '아, 올여름도 이렇게 지나가는구나.' 하는 아쉬움. 여름 동안 화려하게 피어나는 백일홍의 생기 만발한 분홍빛도 기억에 선명히 새겨 둔다. 불꽃놀이만큼이나 찰나였구나 싶은 여름의 끝자락이 조금은 쓸쓸하게 느껴진다.

문득 정신을 차려 보니 제법 쌀쌀하다.

06

시행착오는
꾸준함의 지름길

새로운 일을 시작할 때면 소복이 쌓인 눈 위로 첫발을 내디딜 때와 같은 떨림과 설렘을 느낀다. 흠 없이 잘 해내고 싶다는 욕심도 생긴다. 집안일 루틴을 새로 짜려고 고민할 때도 설렘과 욕심은 밀려 들어왔다가 밀려 나가기를 되풀이했다. 그런데 한창 집안일로 고민할 때는 발등에 불이 떨어져서 평소보다 절실했기 때문인지, 평소 나를 따라다니던 안 좋은 버릇이 거의 고개를 내밀지 못했다.

늘 나를 따라다니던 버릇이란 바로 이런 것들이다.

- 이 일도 얼마 못 갈 텐데…….
- 오래 못 갈 일을 굳이 해야 할까?

• 혹시 잘 안되면 들인 시간이 아깝지 않을까? 내가 받아들일 수 있을까?

어떤 일을 시작하기도 전에 이런저런 걱정에 사로잡혀서, 마치 머릿속에 걱정 배경 음악을 틀어 놓기라도 한 듯 걱정을 되풀이하는 버릇 말이다. 발등에 떨어진 불 끄기에 급급해 이러쿵저러쿵 걱정만 하고 있을 여유가 없었다. 그때의 난 대체 얼마나 간절했던가. '바로 지금이 기회야!' 컴퓨터 앞에 앉아 생각나는 대로 집안일 목록을 정리해 행동으로 옮겼다.

시간표처럼 틀에 박힌 일상은 견디지 못하지 싶었는데 막상 생활 계획표를 만들어서 지내 보니 그렇지도 않았다. 그렇다면 한번 해 보자. 하다가 멈춰도 괜찮으니까. 할 수 있는 범위 안에서 집안일을 몸에 익혀 보기로 했다.

역시나 얼마 못 가 흐지부지되는 계획도 있었다. 말하자면 망한 계획이었다.

• 저녁 식사 재료를 아침에 다듬어 놓기
• 집에 있는 식재료의 양 체크하기
• 낮에 이불을 말려 두고 화장실 청소하기

얼마 만에 그만두었는지는 일에 따라 다르지만 2주도 안 돼 접은 일이 많았다. 계획이 오래 못 간 이유가 무엇일까 되짚어 보았다. 이유를 살피기 시작하면서 꾸준히 해내지 못한 일 앞에서도 지레 겁먹지 않게 되었다. 실패라고 생각하니까 실패로 남는 것이라는 점도 깨달았다.

•저녁 식사 재료 미리 다듬기는 왜 잘 안되었을까?

빨래와 청소, 주방 정리까지 하고 나면 집중력이 뚝 떨어진다. 그리고 아침이다 보니 저녁에 무엇을 먹을지 정하기가 어려워서 의욕이 생기지 않는다.

•식재료 체크는 무엇이 문제였을까?

장보기는 남편이 도맡아 하고 있는데, 어떤 식재료가 얼마나 남았는지 남편에게 전해 주는 게 생각보다 귀찮다. 장 보는 남편에게 맡기는 게 효율적이지 않을까?

•이불 건조와 화장실 청소는 왜 힘들었을까?

아침 살림을 마치고 재택근무를 시작하면, 낮에는 일하느라 집안일을 깜빡할 때가 많다.

뭐야, 그래서였구나. 계획이 틀어진 이유를 되짚어 보니 하나같이 고개가 끄덕여졌다. 계획한 대로 되지 않았더라도 이유를 알면 마음을 가다듬고 더 잘할 방법을 고민할 수 있다. 스스로 곱씹어 보고 이해가 되면 마음도 가뿐하다. 무엇이든 정성껏 마음을 다하면 의외로 쉽게 풀리는 모양이다.

한편 꾸준히 이어진 계획, 이른바 성공한 집안일에는 이런 것들이 있다.

• 가볍게 주방 정돈
  행주 삶기

• 바닥 쓸기

• 침실 정돈
  돌돌이로 이불 먼지 제거하기
  가볍게 침구 정돈하기

• 화장실과 현관 쓸기

• 세탁 준비
  어제 쓴 타월 한데 모으기
  새 타월 걸어 두기

시행착오를 거칠 때마다 습관 삼아 적어 나간 집안일 표 손글씨 노트와
이를 정리해 파일링한 노트

• 바닥 닦기

• 화장실과 현관 닦기

이런 집안일들은 꾸준히 이어져서 이제는 빠뜨리면 허전한 아침 루틴이 되었다.

몸과 마음의 리듬은 하루에도 시시각각 변하는데, 이런 변화에 잘 맞는 집안일이 습관으로 잘 이어진다. 아침에는 몸이 기지개를 켤 수 있도록 주로 몸을 시원스럽게 움직이는 집안일을 한다. 한낮은 일 아니면 휴식 시간. 해가 지는 저녁에는 몸이 쉴 수 있도록 소소한 집안일로 하루를 여유롭게 마무리한다.

몸에 익은 일은 평온하게 해 나가고, 맞지 않는 일은 후련하게 놓아준 뒤 새로운 방법 모색하기. 그리고 이 과정을 몇 번이고 되풀이하기. 집안일을 습관으로 만들어 나가면서 모든 일에는 실패도 있고 성공도 있음을 깨달았다. 누군가에겐 당연한 이 말이 이제야 내 마음에 콕 박혔다.

속으로 생각만 하지 말고 실패든 성공이든 많이 겪어 보자. 그러면 더 좋은 방법을 떠올릴 수 있다. 시행착오가 험난한 길 같아 보였지만 알고 보니 지름길이었다.

07

무심함이 주는 힌트

문득 습관이란 무엇일까 생각해 본다. 날마다 같은 일을 같은 시간에 하는 것. 그리고 한결같이 이어 가는 것 아닐까? 등 떠밀려 하는 것이 아니라 물 흐르듯 하게 되는 행동. 지금의 나에게 버겁게 느껴지지 않고 숨 쉬듯 자연스러워야 꾸준히 이어져 습관이 될 수 있다. 지금의 나와 꼭 맞아떨어질 것. 참 단순하지만 무언가를 꾸준히 하고자 할 때 가장 중요한 점이다.

어느 날 문득 '집안일을 습관으로 삼으면 어떨까?' 하는 생각이 들었다. 집안일을 습관처럼 척척 해내면 멋지지 않을까?

찬찬히 곱씹어 보니 나는 청소, 빨래, 요리처럼 꼭 해야 하는 일에 특히 거부감을 느끼고 있었는데, 먼저 이런 거부감부터 없애야겠다고 생각했다. 멀지 않은 곳에서 습관의 힌트를 찾아보기로 했다. 평소 나도 모르게 하는 일에는 어떤 것이 있을까? 숨 쉬듯이 해서 습관이라고 부르기도 멋쩍은 행동 말이다.

그러던 중 볼 때마다 멋지다는 생각이 절로 드는, 물 흐르듯 자연스러운 풍경 하나가 떠올랐다. 주인공은 바로 신사 경내에 자라는 나무였다. 왠지 모르게 만져 보고 싶어서 절로 손이 가는 신사의 커다란 나무. 신사를 찾는 이들의 손이 닿은 부분만 매끈하게 윤이 나는 나무. 오랜 세월 많은 이들의 손을 타서 밑동이 반드르르한 나무.

나무를 반들거리게 할 심산으로 계속 쓰다듬으려면 보통 일이 아닐 것이다. 하지만 오랜 세월을 거치며 자연스럽게 매끈해진 모습에서, 힘들이지 않은 소소한 행동이 얼마나 아름다운지 새삼 느꼈다.

나의 일상에도 이렇게 소소한 행동이 있지 않을까? 평소 무심결에 하는 행동에는 무엇이 있을까? 좋든 싫든 나의 습관일 터였다.

- 그러고 보니 늘 오른쪽 머리만 뻗치네. 매일 같은 방법으로 드라이를 하나 봐.

- 아이브로 팔레트 한가운데만 바닥이 보이네. 가운데로 손이 가서 그렇구나.
- 화장실을 나오기 전에는 늘 손을 씻네. 이것도 힌트가 될 수 있겠는걸.

별생각 없이 매일 당연하게 하는 일들. 굳이 말하자면 관성에 가까운 행동이라고 할까? 모두 다 잘할 수는 없으니 집안일 중 어느 하나라도 물 흐르듯이, 생각하는 대신 음악에 맞춰 춤추듯이 몸을 움직여 보자. 체조하거나 춤추듯 몸이 먼저 기억하게 해 보자. 습관으로 삼고 싶은 일을 이런저런 방법으로 몸에 익혀 보자. 그러다 보면 나와 맞지 않는 일은 떨어져 나가고, 꼭 맞는 일이 습관으로 남겠지.

귀찮다는 생각이 조금이라도 들면 그만해도 괜찮다. 귀찮다는 건 나와는 잘 맞지 않는다는 뜻이고, 틀림없이 어딘가에 더 좋은 방법이 있을 테니까. 무엇보다 중요한 것은 물 흐르듯 몸을 움직일 때 편안하고 개운한 나의 마음이다.

무언가를 습관으로 만든다는 것은 무심결에 하던 행동을 다시 생각하는 일이어서, 나 자신을 얼마나 잘 알고 있는지 돌아보는 기회가 되기도 한다. 결국 습관을 익힌다는 것은 나를 알아 가는 과정인 셈이다.

08

눈 닿는 곳에 생활 계획표를

집을 정리하다 보면 혼돈이 있기에 질서도 있다는 생각이 든다. 이는 시간도 마찬가지다. 살림살이를 비우는 재미에 빠져 생활 계획표까지 만들어 보면서 느낀 점이 있다. 시간이 부족해서 늘 못마땅했는데, 사실 무언가를 하기에 시간은 넉넉하다는 점이다.

생활 계획표를 완성했다는 뿌듯함에 여러 달 동안 계획표를 벽에 붙여 놓고 지내다 보니 신기하게도 조바심이 사라졌다. 시간을 대하는 마음가짐도 바뀌어서, 꼭 계획표대로 지내지 않아도 괜찮겠다는 생각이 들었다.

중요한 것은 길잡이가 되어 줄 무언가가 있다는 사실이었다.

생활 계획표는 시간을 정확하게 지켜 가며 무언가를 하기 위해 존재하는 것이 아니라, 하루의 흐름을 한눈에 들어오게끔 알기 쉽게 나타내기 위한 수단이었다. 하루 동안 하는 일을 눈에 들어오게 그려 놓았더니, 모습이나 형태가 없는 시간도 잘 가꿀 수 있겠다는 자신감이 붙었다.

덤벙거리고 섬세하지 못한 성격이라 청소는 물론이고 정리 정돈도 취약이라고 생각했는데, 생활 계획표를 만들면서 무언가를 질서 정연하게 가꾸는 즐거움을 처음으로 느꼈다. 아침에 일어나서 이 시간에는 집안일을 하고, 이때부터 저녁까지는 컴퓨터 앞에 앉아 일을 하고. 저녁은 일찌감치 먹고 싶어서 낮 동안의 업무를 오래 끌지 않는다. 잠자리에 들기 전에는 자잘한 집안일을 하고 욕조에 몸을 담근다. 생활 계획표는 기본적으로 이렇게 단순하다. 시간을 어떻게 쓰고 싶은지 나의 마음을 대강이라도 아는 게 중요하다.

그런데 시간을 어떻게 쓰고 싶은지 고민하다 보면 자연히 어떻게 살고 싶은지에 대한 고민으로 이어진다. 생활 계획표를 만들면서 내가 진짜 하고 싶은 것이 무엇인지 돌아볼 수 있었다. '나는 시간을 귀하게 쓰지 않았었구나.', '조금 더 내가 쓰고 싶은 대로 시간을 써도 괜찮지 않을까?' 계획표대로 지내면서 비로소 든 생각이었다.

생활 계획표를 만들기 전에는 하루하루가 혼돈이었다. 하고 싶은 일은 많은데 무얼 먼저 하면 좋을지 모르겠고, 내가 정말로 하고 싶은 일이 무엇인지 나조차 알지 못했으니까. 정작 하고 싶은 일에는 시간을 들이지 못했다. 나에게 주어진 한정된 시간에 둔감했고, 시간을 소중히 다루는 방법도 알지 못했다.

하루 중 술잔을 기울이는 저녁은 나에게 가장 소중한 시간이다. 저녁을 위해 낮 동안 업무를 빨리 마치고 싶어서 점심 식사에 들이는 시간을 줄였다. 전에는 별생각 없이 느긋하게 점심시간을 보냈지만, 나에게 가장 소중한 시간은 저녁이라는 점을 깨달은 뒤로는 당연하게 여겼던 시간을 유연하게 옮기고 줄여 가며 하루를 보낸다.

- 시간을 소중히 여기기
- 시간은 내 마음껏 써도 괜찮다.

시간에 대한 이런 생각이 일상에 생기를 불어넣어 주었다.

나 자신을 마주할 수 있게 해 준 생활 계획표. 이제는 아무리 사소한 일이어도 조금이라도 느끼는 점이 있다면 기꺼이 몸을 움직인다. 그러다 보면 생각과 마음이 돌고 돌아 어느새 나의 진짜 마음을 발견할 수 있게 해 주리라 믿으면서.

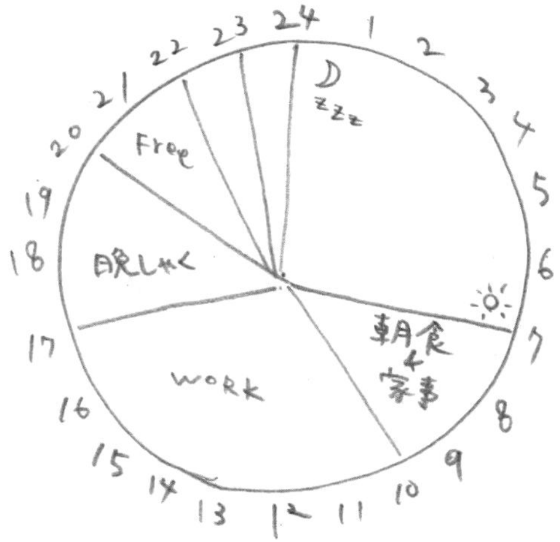

요즘 쓰는 24시간 계획표

09

문득 느낀
습관의 고마움

무언가를 할 수 있게 된다는 것은 그 자체로 기쁜 일이다. 무언가를 할 수 있게 되면 내 안에 새로운 무언가가 자리 잡는다. 몰랐던 무언가를 알아 가는 뿌듯함과 함께 뜻밖의 발견이 따라오기 마련이다. 무언가를 해내는 과정 자체가 소중한 이유다. 꾸준히 할 수 있는 집안일을 조금씩 늘려 가면서 경험한 기쁨과 발견은 내게 새로운 깨달음을 아낌없이 안겨 주었다.

사실 직접 해 보기 전까지는 살림을 매일 꾸준히 하면 좋은 점이 뭘까 깊이 생각해 본 적이 없었다. '지금보다는 낫겠지. 아니, 좋을 거야!'라는 막연한 기대가 있었을 뿐이다. 집안 살림을 몸에 익히며 마음 깊이 깨달은 점이 있다. 기분은 매일 변하는지라 집안일이 내키는 날도 있고 그렇지 않은 날도 있기 마련이다. 그런 나날에 같은 일을 담담히 되풀이하는 잠깐의 시간이 있다는 것은 처음 느껴 보는 제법 괜찮은 느낌이었다. 특히 아침 집안일이 그렇다. 별생각 없이 몸을 움직였을 뿐인데, 머리가 멍할 때든 오늘은 글렀다며 풀이 죽어 있을 때든 집안일 하나만큼은 거뜬히 해냈다는 뿌듯함이 하루의 시작을 가다듬어 준다.

별다를 것 없는 매일의 살림이 심어 주는 작은 안정감. 작은 일이라도 무언가를 해냈다고 생각하면 마음이 놓인다. 매일같이 하는 집안일에서 마음의 안정도 찾을 수 있다니, 어쩐지 횡재하는 기분이다.

아침에 돌돌이를 들고 침구를 정돈하는 시간. 돌돌이로 이불에서 먼지를 떼어 내고 흐트러진 이불에 각을 잡는다. 점차 정돈되어 가는 침실의 공기가 내 마음으로 이어져서 기분까지 보송해진다. 빨래를 돌리기 전에 전날 쓴 타월을 걷어 내고 새 타월을 거는 시간도 집안 공기를 산뜻하게 바꿔 준다. 집 안 구석구석을 쓸어 어제의 먼지를 걷어 내고, 먼지로 뿌예졌던 공간을 환히 밝힌다.

생각하는 대신 경험하고 느끼면 마음이 맑고 평온해진다. 행동이 마음으로 이어진다는 점을 확인하는 느낌도 꽤 개운하다.

집안일을 습관화하면 느끼는 점이 이렇게 많다.

집안일을 날마다 꾸준히 하면서 느낀 또 한 가지. 나는 어지르는 것을 좋아하지 않는다는 사실이다. 살다 보면 집은 조금씩 흐트러지기 마련인데, 그렇다고 해서 그대로 놔두면 점점 손을 쓰기가 힘들어진다(나는 이미 경험자다).

너무나 당연한 이 사실을 마주하기가 귀찮아서 일부러 모른 척하며 지내던 때가 있었다. 하지만 집안일을 몸에 익히고 좋든 싫든 매일 먼지와 마주하면서 '먼지 없이 지내기란 애초에 불가능한 일이구나.'를 뒤늦게 깨달았다. 이제 와 생각해 보면 너무 당연한 얘기인 것을.

언제나 티끌 하나 없이 깨끗할 수는 없다. 매일 조금씩 더러워지는 게 당연하다. 마음도 마찬가지 아닐까? 마음은 마치 집과 같아서, 하루하루를 살아가기만 해도 마음속에 먼지와 얼룩이 쌓인다. 그러니 잠시라도 마음을 가꾸어 본다. 이런 순간순간이 모여 나의 마음에 닿으리라 기대하면서.

살림과 생활을 조금이라도 가꾸고 싶다는 바람. 무엇이 기다리고 있을지 가꾸어 보기 전까지는 알 수 없지만, 못 했던 일을 조금씩 할 수 있게 되면 생각지도 못한 선물이 찾아온다.

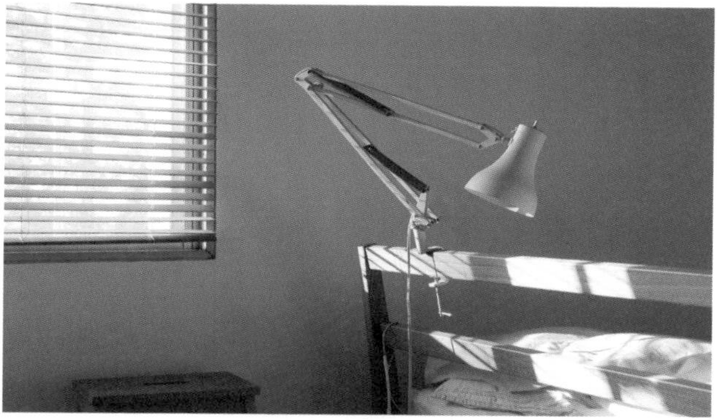

아침 시간
위) 침실 정돈
아래) 아침 만들기

칼럼 2

가을

방울벌레의 음색이 밤공기를 메우는 시기가 되면 날은 청명해지고 집 근처 산들은 서서히 물든다. 반짝이는 억새에게서 보드라운 마음을 나누어 갖는 계절. 나에게는 은밀한 즐거움과 그 준비로 마음이 달뜨는 계절이기도 하다.

더위에 시달렸던 나날이 언제 있기라도 했냐는 듯 서늘함을 느끼는 날이 조금씩 늘어나는 밤. 여름 동안 잠자고 있던 보온 물주머니를 꺼내 준비할 때면 왠지 모르게 마음이 놓인다.

주전자에 물을 데워 물주머니에 부을 때 모락모락 피어오르는 김을 보며 더할 나위 없는 행복감에 젖는 건 나뿐일까? 수증기가 올라오는 모습을 바라보고 있으면 그 리듬과 하나가 되는

단풍 드는 나무들, 그리고 겨울잠 준비

듯하다. 꾸밈없는 자연 그대로의 속도에 나는 더없이 평온해진다. 나도 모르게 바쁘게 지내다가도 이 한 순간 덕분에 긴장이 누그러지며 개운함을 느낀다. 도자기 물주머니를 이불 속 발치에 넣어 두고서 '이제 자 볼까?' 하고 이불 속으로 파고들 때의 행복감이란! 은근하게 밀려오는 따스함이 몸과 마음을 아늑하게 감싸 준다.

옷장 안에 들여놓았던 스토브도 꺼내 등유를 채우고 올가을 처음으로 불을 지펴 본다. '불꽃의 따뜻함이 이제 곧 다가올 겨울로 향하는구나.' 하고 생각하면 집이 있다는 사실에 새삼 고마움을 느낀다.

스토브가 제 할 일을 시작하면 고대하던 이벤트에 마음이 설렌다. 추운 밤에는 뭐니 뭐니 해도 스토브에 일본 전통주를 데우는 게 낙이다. 따끈하게 열이 오른 작은 도자기 냄비에 뜨거운 물을 받아 두고서 전통주를 도쿠리에 따른 다음 냄비에 퐁당. '거참, 뜨끈하네.'라고 금방이라도 감탄사를 내뱉을 것만 같은 도쿠리를 보면 절로 미소가 번진다.

밤은 참 좋지. 낮의 밝음이 있기에 밤의 기쁨이 있다. 한결 선선해져 몸이 편안해지는 이 시기, 밤의 아름다움을 그 어느 때보다 음미하며 즐길 수 있는 계절이다.

2장

애쓰지 않아도
개운할 수 있다니

01

정성과 시간은 다르다

"정성스러운 생활이네요." 유튜브 시청자가 남긴 이 감상이 '정성'이라는 말을 곱씹어 보게 된 계기였다. 예전에는 '정성'이라고 하면 이런 모습이 떠올랐다.

- 바닥은 청소기를 돌린 다음 꼭 걸레로 닦아서 광을 낸다.
- 육수는 가다랑어포와 다시마를 넣고 뭉근하게 끓여야 제맛
- 옷은 재질별로 나누어 친환경 세제로 세탁한다.
- 냄비는 티끌 하나 없이, 원목 가구는 오일을 먹여서 반드르르하게

나는 생활에서 발견하는 기쁨과 행복이 그 무엇보다 좋다. 생활에는 기발하고 풍요로운 마음이 담뿍 깃들어 있으니까. 어쩌면 브이로그를 보는 분들이 생활을 아끼는 나의 마음을 영상으로 고스란히 느낀 게 아닐까? 이렇게 생각하니 비로소 '정성스러운 생활'이라는 말의 뜻을 알 것 같았다.

'정성스러운 생활'과 '생활을 아끼는 마음'

말은 달라도 담고 있는 뜻은 다르지 않다. 생활을 아끼고 즐기는 마음이 브이로그를 보는 분들에게도 전해졌다고 생각하면 은근한 감동이 밀려온다. 요리도 청소도 딱 할 수 있는 만큼만. 하지만 나는 생활을 마음 깊이 즐기고 있다고 자부한다. 나에겐 일상의 행복을 한껏 느끼고 싶어서 자연스럽게 하는 행동 몇 가지가 있다.

- 말끔히 청소한 뒤 상쾌함 만끽하기
- 빨래 바싹 말리기
- 제철 음식 먹으며 감사한 마음 떠올리기
- 폭신한 이불에서 잠들기

과정에 손이 많이 가는 생활이 꼭 정성스러운 생활은 아니다. 오히려 지금 눈앞의 일에 얼마나 마음을 쏟고 있는지가 중요하다. "정성스러운 생활이네요."라는 말 덕분에 깨달은 사실이다.

매 순간 온 마음으로 '지금'을 산다.

정신없이 바빴던 하루가 눈 깜짝할 새에 지나간다. '앗, 창문이 더러운데 오늘도 못 닦았네.' 뒤늦게 이런 생각이 들어도 온 마음으로 하루를 보냈다면 충분히 행복하다. 시간이 있고 없고를 따지기보다는 지금 이 순간을 즐기고 있는지, 마음이 지금 이곳에 있는지를 돌아보는 편이다.

물론 집을 조금이라도 더 안락하게 가꾸려고 늘 신경을 쓴다. 안 쓰는 물건은 버리고 정리 정돈하는 습관을 들이면 못다 한 일에 아쉬움을 떠올리며 지낼 일도 없어 마음이 훨씬 편안하다.

덤벙거려도, 효율이 떨어져도, 어설퍼도, 서툴러도, 중요한 건 마음이 얼마나 그 순간에 머물러 있는가다. 때로는 무심히 흘려보내도 좋다.

하지만 단 한 번뿐인 삶이니 단정히 정리한 머리가 흐트러져도, 조금 부끄럽더라도 마음 가는 일에 정성 듬뿍 쏟기. 늘 잊지

계절의 식탁

않고 싶은 마음가짐이다.

정성스러운 생활은 사람 수만큼이나 많아서 늘 서로서로 영향을 주고받는다. 이런 생각을 하면 마음이 더할 나위 없이 따스해진다.

02

완벽한
사람은 없다

완벽함에 끌리는 마음. 부족함을 모르는 둥근 보름달. 누가 뭐라고 하는 것도 아닌데 완벽해야 한다고 자신을 깎아내릴 때가 있다. 나에게도 어설픈 구석이 있음을 인정하고 받아들이지 않으면 고달파지는데도.

한때 생활도 집안일도 완벽하게 해내고 싶었다. 나의 생활 앞에 높이 드리운 벽을 느끼면서도 완벽한 삶을 생각하면 마음이 두근거렸다. 하지만 퇴근하고 돌아오면 이미 지칠 대로 지쳐서 파김치 상태. 청소는커녕 혼자 살며 집을 돌보려니 점점 더 어지러워질 뿐이었다.

결혼하고 나서는 둘이 된 만큼 더 잘해 보고 싶었다. 집은 한결 말끔해졌는데 여전히 꿈에 그리던 모습과는 거리가 멀었다. 언제쯤이면 완벽해질 수 있을까 생각하며 하루하루를 흘려보냈다.

집안일을 하는 것도 아니고 안 하는 것도 아닌 어중간한 생활을 하다가 어느 날 문득 이런 생각이 들었다. 내 마음이 머물 곳을 찾지 못해 헤매고 있는 건 아닐까? 가시방석에 앉은 듯한 이 불편함은 뭐지? 벼랑 끝에 내몰린 위태로운 마음이었다고 말하면 지나칠까? 금도 가지 않고 찌그러지지도 않은, 모자람을 모르는 꽉 찬 동그라미만이 정답이라는 생각을 언제부턴가 꽉 붙들고 있었다.

생각해 보면 나는 어릴 적부터 무엇을 하든 흠이 없어야 한다고 믿었다. 잘하면 칭찬받았지만 못하면 없던 일이 되곤 했으니까. 기왕이면 칭찬받고 싶으니까, 무조건 잘해야 한다는 생각을 움켜쥐고 있었다. 집안일이 마음처럼 되지 않았던 이유가 어린 시절 경험에 있다니, 뜻밖의 발견에 스스로도 놀랐다.

비록 무조건 완벽이 좋다는 착각 속에서 지내긴 했지만 여러 일을 온전히 마주하지 못했던 지난날을 후회하지는 않는다. 좋은 일이든 나쁜 일이든 모두 나름대로 의미가 있고, 그런 의미를 발견하며 사는 게 인생이니까. 저렇게 되려면 무조건 이렇게 해야 한다는 법은 없다. 이건 이것대로, 그건 그것대로 자연스럽게 흐른다. 모자람의 아름다움을 알아 가는 과정만이 있을 뿐이다.

다시 집안일 이야기로 돌아가자면, 가시방석에 앉은 듯한 불편함을 더 이상 내버려 둘 수 없었던 나는 눈에 들어오는 대로 정리를 해 보기로 했다. 높게 드리운 벽 앞에서 외면했던 집안일에 드디어 팔을 걷어붙이기로 한 것이다. 중요한 건 처음부터 욕심내다가 힘 빼지 않기. '더도 말고 덜도 말고 딱 여기만 날마다 해 보자.' 부담스럽지 않은 선에서 조금씩 치우기로 했다.

계획을 거창하게 세워서 하루아침에 척척 해내려고 하면 금방 지치고 만다. 그래서 흠잡을 데 없는 집을 만들고 싶다는 생각을 살살 달래 가며 청소를 했다. 부담되지 않는 선에서 집안일을 서서히 몸에 익혔다. 매일같이 무언가를 한다는 사실만으로도 기분 좋을 수 있구나. 꼭 제대로, 완벽하게 해낼 필요는 없었던 거다.

서툴렀던 일을 하나둘 내 것으로 만들어 가는 뿌듯함은 직접 겪어 보지 않으면 모른다. 완벽하지 않아도 이렇게 기쁘고 즐거울 수 있다니, 놀라움을 넘어 충격이라고 할 만큼 큰 깨달음이었다. '어쩌면 지금껏 너무 힘이 들어갔었는지도 몰라.' 이 생각이 들었던 때가 여전히 생생하다. 달리 바라보면 나도 모르게 꼭 쥐고 있던 것이 보이기도 하니 한편으로는 재미있다.

나는 여전히 동그라미 특유의 아름다움이 좋다. 가능하면 완벽하고도 싶다. 그러나 부족함이 지닌 멋도 비로소 알게 되었다. 보름달도 반달도 초승달도 저마다 아름답게 빛난다. 무엇 하나 미운 것 없이. '꼭 동그라미만 완벽한 건 아니야.' 집안일을 하면서 얻은 멋진 깨달음이다.

동그라미만 완벽한 건 아니다.

03

행복이 먼저인 마음

"마치 물속에서 목마르다고 하는 것과 같으니."

이 말은 하쿠인 선사(白隱禪師)가 쓴 《하쿠인 선사 좌선 화찬(白隱禪師坐禪和讚)》에 나오는 구절이다. 물속에 있으면서도 목마르니 마실 물을 달라고 소리치는 것과 다르지 않은 이치라는 뜻이다. 정말이지 맞는 말이다. 물속에 있으면서 물을 찾아 헤매듯이, 늘 곁에 있는데도 알아차리지 못하는 것은 생각보다 많다.

특히 행복이 그렇다. 아프거나 다치고 나서야 건강했던 때를 떠올리며 서글퍼하곤 하니까. 늘 곁에 있어서 당연하게 여기기 쉬운 행복과 기쁨이야말로 무엇보다 소중하다. 이렇게 되뇌어도 금세 잊기 일쑤지만.

날마다 새로운 자극이 있고, 하고 싶은 일도 생각할 것도 많다. 머릿속이 복잡할수록 곁에 있는 행복과 기쁨은 옅어져 흐릿한 점이 되고 만다. 행복해지려면 뭐라도 좀 해야 하지 않을까? 실체 없는 걱정에 불안감이 밀려든다.

'더 잘해야 해.', '아직 못 했는데 어쩌지?'

이것도 마음에 안 들고 저것도 영 별로인 근심 걱정 대축제가 머릿속에 펼쳐진다. 행복에 둘러싸여 있으면서도 모자란 부분에만 자꾸 눈길이 간다.

걱정은 매일 꼬리에 꼬리를 문다. 근심 걱정을 조금이라도 내려놓고 싶어서 마음을 고쳐먹기로 했다.

'소소한 행복을 떠올리는 습관을 들이자.'
'하루에 단 몇 번이라도 기쁜 일을 떠올리자.'

나는 어떤 일을 할 때 직감에 기대는 경우가 많고 자주 덤벙거리기도 하는 치밀하지 못한 성격이다. 차분하고 꼼꼼한 사람을 보면 '나 같으면 저렇게 못할 텐데, 정말 대단해!' 하고 감탄이 절로 나온다. 나에게는 없는 모습에 내심 욕심이 나기도 한다. 이럴 때마다 내 곁의 행복을 떠올리는 거다. '그럼 뭐 어때. 나는 나대로 행복한걸.' 그러면 더는 내가 가지지 못한 것에 연연하지 않을 수 있다. 이렇게 일상에 깃든 행복을 떠올리며 마음을 가다듬는 습관도 몇 년째. 시간도 돈도 들지 않고 그저 마음만 조금 쓰면 되니 꽤 만족스럽다.

이렇게 일상에서 해내고 있는 사소한 일들과 기쁜 순간을 떠올리기만 하면 된다.

• 매일 식사를 챙겨 먹을 수 있다.
• 아침에 침대 위에서 눈뜰 수 있다.
• 욕조에 몸을 담글 수 있다.

날마다 일부러라도 이런 고마움을 떠올린다.

가장 먼저 습관으로 삼은 식사 전 고마움을 떠올리는 행동은 사실 남편의 습관이었다. 어느 날 식사를 하려는데 남편이 음식을 앞에 두고 좀처럼 젓가락을 손에 들지 않는 거다. 의아해서 이유를 물었더니 음식에 고마운 마음을 떠올리고 있었단다. 내심 놀랐다. 나도 늘 "잘 먹겠습니다."라고 말은 하지만 사실 별생각 없이 그냥 하는 말이었으니까. 남편의 이야기를 듣고서 같이 감사하는 마음을 떠올리기 시작한 것이 어느덧 지금에 이르렀다.

'앗, 이거 안 했네.', '좀 더 잘할 수 없을까?' 이런 생각이 들면 가뿐한 생활에서 한발 멀어지는 것 같아 조바심이 난다. '선반이 뒤죽박죽이네.', '냉장고에 넣어 둔 채소가 상하겠어.' 해야 하는 일, 잘 살펴야 하는 일이라고 해 봐야 고작 이 정도인데 마치 큰 문제처럼 느껴진다. 이럴 때 소소한 기쁨을 떠올리면 기분이 한결 가벼워지는 듯하다. 아니, 확실히 가뿐해진다.

내 곁의 행복을 틈틈이 떠올리면 놀라울 만큼 마음이 평온해진다. 그러면 못다 한 일과 제자리걸음하는 일로 향하던 못마땅한 시선이 조금은 너그러워진다. 늘 내 곁을 지키는 행복을 떠올리는 건 이토록 중요하다.

행복은 바로 꺼내 볼 수 있는 곳에 두자. '이렇게 옆에 있잖아.' 하고 잊지 않기 위해. 행복을 잘 보이는 곳에 두고 습관적으로 꺼내 보는 거다. 이런 소소한 습관도 시간이 흐르면 차곡차곡 쌓여 단단하고 묵직해지겠지. 그 묵직함이 마음을 잠재워 주리라 믿는다.

못다 한 일과 제자리걸음하는 일을 들춰 보며 걱정할 바에는 곁에 있는 행복에 눈길을 돌려 마음을 넉넉히 가져 보자. 지금 있는 행복에 몸을 담가 보자. 조금이라도 가뿐한 생활을 위해 소중히 여기는 마음가짐이다.

바로 옆에 행복이 있다는 사실을 늘 기억하기. 나의 부족함 앞에서 마음을 가다듬는 일종의 의식인 셈이다.

늘 곁에 있는
너무나 당연한
작은 행복

04

저마다의 정성스러움

집안일을 비롯한 일상을 브이로그에 담지만 "정리는 이렇게, 요리는 이렇게 하세요!" 하고 생활에 직접 보탬이 되는 노하우를 다루지는 않는다. 오히려 나는 다른 사람들의 브이로그를 보며 자극을 받는 편이다. 이런 내가 일상을 올려 보자고 마음먹기까지는 적지 않은 용기가 필요했다.

그런데도 일상을 영상으로 담아 보겠다고 용기를 낸 것은 다른 이의 일상을 보는 게 이렇게 설레는 일이었다니, 하고 신선한 충격을 받은 적이 있어서다. 다른 이의 일상을 보고 있으면 그저 흐뭇해서 살림 노하우 같은 건 그리 중요하지 않았다. 일상에서 기쁨을 찾는 사람은 많고 나의 생활은 여전히 어수룩하지만, 조금이라도 일상을 나누고 싶어 용기 내 영상을 올리기 시작했다. 영상을 만드는 과정이 마냥 즐겁다는 점도 원동력이 되었다.

누구나 일상에서 기쁨을 느끼는 저마다의 포인트가 있다. 내 경우엔 예로부터 이어져 내려온 생활의 지혜나 전통 행사가 그렇다. 옛날 방식에 유독 마음이 가 슬며시 미소 짓게 된다. 일상을 모두 옛날 방식으로 채우고 싶은 것은 아니지만 예스러운 생활의 멋을 알아 가는 기쁨에 설레는 것도 사실이다.

정말로 좋아하면 그 이유가 선뜻 떠오르지 않을 때가 있는데 바로 그런 느낌이라고나 할까? 옛날의 생활 모습과 태초의 풍경을 상상하고 있으면 시간 가는 줄 모른다. 다시는 돌아오지 않는 것, 덧없음과 노스탤지어에 마음이 끌리는지도 모르겠다. 아궁이에 장작불을 지펴 가마솥 밥을 짓는 모습을 떠올리면 이렇게 정성스러울 수 있나 싶어서 마음이 환해진다. 물론 옛날에는 달리 방법이 없었겠지만.

옛날 사람들이 어떤 마음으로 집안일을 했는지는 알 길이 없다. 다만 집을 깨끗이 치우고, 불을 지펴 음식을 만들고, 잠자리를 쾌적하게 가꾸고, 빨래하고 농사짓던 먼 옛날을 떠올려 본다. 아득한 옛날의 삶과 여기에 담긴 지혜들이 차곡차곡 쌓여 오늘날에 이르렀다고 생각하면 그저 감탄스러울 따름이다. 그래서일까? 생활을 아끼는 마음과 생활에서 느끼는 기쁨의 밑바탕에는 늘 옛 방식이 있다.

옛날 방식으로 음식을 만드는 기쁨

하지만 좋아하는 일이라고 해서 꼭 잘하리라는 법은 없다. 집안일을 척척 해내는 사람들을 보면 의기소침해지기도 한다. 그래도 꾸밈없는 모습을 영상에 담았더니 생각지도 못했던 말을 들을 수 있었다. "일상생활과 집안일의 기쁨을 이제야 알았어요.", "저도 집안일을 좋아한답니다." 이런 말을 들으니 마음이 벅차올랐다.

브이로그를 시작하기 전만 해도 집안일이란 하기 싫지만 해야 하는 성가신 일이어서, 오롯이 집안일을 즐기는 날이 오리라고는 생각지도 못했다. 집안일은 까다로운 것이라고 아무도 나에게 말한 적이 없건만, 어느 틈엔가 나는 그렇게 착각하고 있었다.

집안일을 어떻게 받아들일지는 마음에 달렸다. 아무리 효율적이더라도 얼마나 기쁨이 깃들어 있느냐에 따라 집안일에 대한 느낌이 다를 테니까. 결국 중요한 건 얼마만큼의 시간을 들이는가가 아니라 얼마만큼의 마음을 담는가다.

집안일을 빨리 끝내고 쉴 수 있으면 더할 나위 없이 좋겠지만 그렇다고 효율을 따져 가며 굳이 힘든 일을 줄이고 싶지는 않다. 집안일이 톱니바퀴 맞물리듯 척척 맞아떨어지면 할 맛이 나고 신나니까. 물론 날마다 하는 집안일이 귀찮을 때도 있다. 하지만 집안일을 하다 보면 내가 무엇에 끌리고 언제 행복을 느끼는지 때로는 생각지도 못했던 사실을 깨닫기도 한다. 그러니 조금이라도 더 애정을 담아 집안일을 바라보고 싶다.

아끼는 오랜 살림살이(나무 찜통과 소쿠리)

05

나의 한계 알기

'조금 더 할 수 있을 것 같은데.'
'더 잘할 수 없을까?'
그러나 현실 속 나는 기대에 못 미칠 때가 많다.

하루의 집안일은 얼마만큼이 좋을까? 계획을 세울 때는 뭐든 다 할 수 있을 것 같아 거창해지기 쉽다. 마음만 앞서서 하루 계획에 집안일을 잔뜩 끼워 넣었던 시절도 있었다. 다 못 할 것도 없지만 그렇다고 온종일 살림만 할 수도 없는 노릇이다.

시행착오를 거치며 깨달은 점이 있다. 계획을 세운다는 건 알맞은 식사량을 아는 것과 같다는 사실이다. 과식하면 움직이기 힘들고 졸음이 밀려와 몸이 무겁지 않던가. 그러니 하루의 집안일은 나에게 버겁지 않을 만큼만, 식사로 치면 배가 불러 오기 전에 숟가락을 놓기로 했다. 집안일을 하다가 '조금만 더 하면 집 안 전체가 말끔해질 텐데.' 하는 욕심이 슬며시 고개를 들어도 선을 넘지 않기로 말이다.

처음에는 아침, 점심, 저녁으로 나누어 살림 계획을 짰다. 그런데 막상 해 보니 낮에는 집안일을 하기가 벅찼다. 낮에 집안일을 하고 나면 그야말로 배가 빵빵해졌다. 살짝 모자란 듯 절묘한 양만큼 날마다 꾸준히 하려면 얼마 되지 않는 낮 시간이 나에겐 무척 중요했다.

그래서 다시 하루의 집안일을 세심하게 조정했다. 하루, 일주일, 한 달을 놓고 보았을 때 온 힘을 다한다는 느낌이 들지 않는 적당한 양은 어느 정도일까? 잘 모르겠을 때는 온몸으로 겪어 보면 된다. 그랬더니 당연하게도 미처 소화하지 못한 집안일이 흘러넘쳤다.

집안일을 가뿐히 해 나가려면 숨이 차지 않도록 걸음나비는 좁고 단차는 적어야 한다. 그래서 집안일은 등산과도 닮았다. '숨 가쁘게 걷지 말자.' 체력에 자신 없는 내가 산을 오를 때마다 하는 다짐이다. 호흡만 신경 써도 생각보다 수월하게 산을 오를 수 있다.

여담이지만 산길은 발 디디는 재미가 쏠쏠하다. 겹겹이 쌓인 돌과 흙 위로 드러난 나무뿌리를 바라보며 어디를 어떻게 밟고 나아갈지 생각한다. 매 순간 어떤 선택을 하느냐에 따라 같은 길을 걸어도 지치는 정도가 다르다.

집안일을 할 때도 매 순간의 선택이 중요하다. 숨이 차지 않게 체력을 골고루 나누어 쓰면 집안일도 날마다 꾸준히 할 수 있지 않을까? 스타일이 저마다 다른 건 산을 오를 때도, 집안일을 할 때도 매한가지일 터. 등산과 집안일에 통하는 무언가가 있을지도 모른다는 생각에 어느새 푹 빠져 본다.

새벽같이 일어나 산꼭대기를 오르는 사람이 있는가 하면 산악 마라톤을 하는 사람도 있고, 숨차지 않을 만큼의 걸음으로 여유롭게 산을 오르는 나 같은 사람도 있다. 집안일도 나에게 꼭 맞는 스타일이 있기 마련이다. 나에게 알맞은 집안일의 양을 알고 매일 자연스럽게 할 수 있으면 더할 나위 없다.

집안일을 할 때 중요하게 여기는 점을 꼽아 보면 이렇다.

- 내 마음에 귀 기울이기
- 적당한 선에서 만족할 줄 알기
- 마음 같지 않아도 수고했다고 다독여 주기

집이 얼마나 반짝반짝 빛나느냐가 아니라 얼마나 고른 호흡으로 꾸준히 이어 나갈 수 있는지가 중요하다. 내가 생각하는 이상적인 집안일은 이렇다.

집안일을 마주하기 전에 나에게 잘 맞는 스타일은 무엇일지 고민해 본다. 집안일을 마치면 나 자신을 토닥여 준다. 남이 인정해 주기를 바라지 말고, 내가 먼저 나를 인정해 주기. 그리고 매일 나를 토닥여 주기 위해 적당한 선에서 꾸준히 집안일을 해 나간다.

이런 일상을 되풀이하면서 한결 마음이 편해졌다. 결국 나에게 진정한 평온을 가져다주는 것은 나 자신이다.

집안일을 마치고 빈둥거리는데 '이거 해야 하는데.'라는 생각이 잠시라도 든다면 온전히 쉰다고 할 수 없다. 집안일을 할 때도, 한숨 돌릴 때도 온 마음을 다하고 싶다. 오롯이 '지금'을 만끽하고 싶다. 하루에 정해진 만큼만 집안일을 하고, 잘했다고 나를 토닥이는 것은 바로 이 때문이다. 그러면 마음속이 한결 말끔해지니까. 이렇게 집안일은 늘 나 자신을 마주할 기회를 안겨 준다.

하쿠산

칼럼 3

장마

단비가 그칠 줄 모르고 이어지는 시기가 되면 그다음 계절이 기다려진다. 돌려 말했지만 장마가 빨리 끝났으면 좋겠다는 뜻이다. 장마가 오래가면 몸에도 장맛비가 쌓이는지 점점 둔해진다. 기분도 덩달아 무겁게 내려앉아서 이대론 안 되겠다 싶은 위기감에 유달리 내 한 몸 소중히 돌보게 되는 시기. 몸에 무겁게 내려앉은 기운이 조금이라도 돌았으면 좋겠다는 바람을 담아 곁눈질로 배운 요가로 몸을 가뿐히 하는 게 장마철 나의 습관이다.

그리고 장마철은 뭐니 뭐니 해도 매화나무에 매실이 주렁주렁 달리는 계절. 바야흐로 매실장아찌를 담글 때가 왔다.

집에서 매실장아찌를 담그는 평온한 시간

지인의 매실나무에서 매실을 따 본 적이 있다. 때마침 비가 내린 데다 가지치기까지 해야 해서 꽤 힘들었다. 매실나무와 데면데면했던 그때의 나는 매실 따기가 보통 일이 아니라며 학을 뗐었다.

지금은 해마다 속이 꽉 찬 매실을 시어머니 편에 받는다. 잘 익어 샛노랗고 윤기 흐르는 고운 열매들. 매실 수확이 얼마나 힘든지 아니까 감사한 마음 백배다. 이제는 해마다 매실로 매실장아찌를 담그는 일이 장마철에 빼놓으면 섭섭한 집안일이 되었다.

여러 차례 시행착오를 거쳐 지금은 투명한 병에 매실장아찌를 담근다. 투명한 병에 매실장아찌를 담그면 매실 초가 차오르는데 그 모습을 구경하는 재미가 제법 쏠쏠하다. 소금에 버무린 매실을 병에 담고 누름돌을 올리면 매실에서 수분이 빠져나오는데, 이 모습이 아름답기까지 하다. 매실 사이사이의 빈틈이 메워져 돌담처럼 변해 가는 모습에도 넋을 잃는다.

06

옭아매지 않을 것

'이제는' 요리를 좋아한다고 말할 수 있다. 사실 불과 얼마 전까지만 해도 그렇지 않았으니까. 요리는 모름지기 근사하게 해내야 하는 것이라고 생각했다. 스트레스를 받는 것만큼 근사하게 만들지도 못했건만, 고정관념은 늘 나를 따라다니며 힘들게 했다.

저녁 식사에는 메인 요리와 반찬이 있고, 밥과 국물 요리가 있어야 한다. 내가 생각하는 제대로 된 식사란 이런 거였다. 그런데 날마다 이렇게 식사를 차리려니 마음이 점점 울적해지기만 하는 건 왜일까?

음식을 한꺼번에 식탁에 올리려면 정교한 노하우가 있어야 했다. '완성'이라는 목표를 향해 한 끼 식사를 만들었고, 따듯하게 먹고 싶은 반찬을 맨 마지막에 담아내기 위해 번번이 머리를 싸맸다. 하루 업무를 마치고 진이 빠지면 '오늘은 외식이나 할까? 아, 나가기도 귀찮은데. 어쩌면 좋지?' 하고 속앓이를 하곤 했다.

음식은 만들 때의 기분에 따라 맛이 달라진다. 조바심과 슬픔이 가득 담긴 음식의 쓸쓸한 맛은 여러 번 맛보았어도 여전히 달갑지 않다. 울면서 먹으면 아무 맛도 느껴지지 않듯이, 음식 맛은 큰 숟가락과 작은 숟가락의 계량만으로 완성되는 것이 아니다.

그러다가 요리에 대한 생각이 바뀌게 된 사건이 있었다. 세상일이 내 마음 같지 않고 업무 스트레스에 조바심까지 겹쳐서 그야말로 뒤죽박죽일 때였다. 어떻게든 기운을 내 보려고 내가 한 행동은 밥 짓기.

식사를 차릴 것도 아닌 어정쩡한 시간에 모처럼 간식으로 주먹밥을 만들어 먹었다. 원래 나는 쌀밥을 좋아하니까. 그랬더니 웬걸. 마음이 이렇게 든든할 수가 없었다. 그때의 감동은 말로 다 못 한다. 그동안 너무 힘주고 지냈던 건 아닐까? 몸에서 긴장이 스르르 풀렸고, 잠시 잊고 지냈던 고마운 마음도 샘솟았다.

몸에 들어간 힘을 풀어 준다는 건 얼마나 중요한 일인가. 알고 보면 고마운 일이 주위에 얼마나 많단 말인가. 무엇이든 있는 힘껏 쥐고 있으면 좋을 것 하나 없는 것을. 여러 생각과 감정이 밀려들었다. 주먹밥이 입 안에서 풀어지듯이 몸에 머물던 긴장도 술술 빠져나갔다.

보란 듯이 해내야 한다는 생각으로 늘 긴장하며 살았지만, 그건 나만의 착각이었다. 배가 차오르는 감각 앞에서 솔직하기만 하면 되는 것이었는데. 이제는 갓 지은 밥과 된장국만 있으면 더할 나위 없이 행복하다. 정말 중요한 건 마음이었다.

음식에 온 정성을 쏟을 필요는 없다. 제대로 만들고 싶은 날에만 제대로 만들면 그만이다. 음식이 있다는 사실만으로도 행복한걸. 이 사실만 기억해도 매일의 식사가 사뭇 달라진다. 결국 이 또한 적당한 선에서 만족할 줄 아는 행복에 관한 이야기인 셈이다. 이것은 모든 집안일의 기본이 되는 생각이기도 하다. 그동안 나는 '꼭 이렇게 해야 한다.'라는 확신의 덫에 걸려 있었다.

수많은 정보와 좋아 보이는 것들을 모두 내 손에 넣어야 행복해질 것 같지만, 과연 그럴까? 모든 것이 힌트가 될 수는 있어도 모두 다 받아들일 필요는 없다. 가장 중요한 건 이미 스스로 느끼고 있을 테니까. 나 자신만큼 나를 가장 잘 알 수 있는 사람도 없다. 생활은 그래서 더욱 재미있다.

일본 전통주를 좋아하는 나는 매일 저녁에 기울이는 반주가 너무나 좋다. 소소한 안주 하나, 두부를 보기 좋게 튀겨 낸 두부튀김과 절임 반찬, 그리고 맛 좋은 전통주만 있으면 눈물이 핑 돌 만큼 행복하다. 식사의 마무리는 밥과 국. 이렇게만 먹어도 충분히 든든하다.

중요한 건 식사를 얼마나 맛있게 먹을 수 있느냐여서, 반찬이 어제와 같아도 괜찮다. 술만 날마다 달라진다면야. 식사 메뉴는 같은데 술만 달라지는 것이 흔한 풍경은 아니지만 내가 좋으면 그만이다.

고정관념을 손에서 놓는 때는 저마다 다르다. '이렇게 해야 한다.'라는 생각이 사람 수만큼이나 제각각이기 때문이다. 그리고 버겁다는 생각이 든다면 그만 놓아 버릴 때가 되었다는 신호일 수 있다.

모두가 같은 일로 고민하는 듯 보여도 사실은 조금씩 결이 다르다. 세상에 같은 건 하나도 없으니까, 어쩌면 자연스러운 일이다. 다양하다는 것은 이렇게 아름답다.

쌀만 있으면 괜찮다.

청소를 해도 매일 먼지가 쌓이듯 고민도 하루가 다르게 생겨나길 되풀이한다. 꼭 쥐고 있던 낡은 생각을 놓아 버릴 기회가 숨죽이고 있는 하루하루가 즐거운 이유다. 나는 무엇을 움켜쥐고 있을까? 조금씩 비워 가며 가뿐해진다는 것. 그리고 이 과정을 즐길 수 있다는 것은 정말이지 멋진 일이 아닐 수 없다.

07

건너뛰어도 괜찮아

우리 집은 주말농장을 빌려서 소소하게 밭을 가꾸고 있다. 그리 성실한 편은 아니지만 2013년에 시작했으니 어느새 8년 넘게 이어 온 셈이다. 텃밭은 미처 몰랐던 사실을 아낌없이 알려 준다. 눈에 비치는 세상이 전부가 아니라는 깨달음도 그중 하나다.

텃밭을 가꾸기 전에는 길을 거닐며 밭을 수없이 보았어도 그저 밭인가 보다 했다. 그런데 밭을 가꾸면서부터 밭의 윤곽이 하나둘 눈에 들어오기 시작했다. 지금까지는 흐릿해 보였던 밭이 안경을 쓰고 보기라도 하듯 또렷이 눈에 들어왔다. 같은 풍경인데도 참 신기하다. 보이는 모습은 같아도 모두 의미를 붙이기 나름이라는 뜻이다. 눈에 들어오는 모습을 어떻게 느낄지는 온전히 나에게 달렸다.

한편으로는 밭에서도 이렇게 개성이 드러나는구나 싶어 흥미롭다. 저마다의 밭이 늘어서 있는 공간이 전시회장이라면 텃밭 하나하나는 작품이나 다름없다. 꼼꼼하고 튼튼하게 지주를 세운 밭이 있는가 하면 우리 집처럼 그냥 되는 대로 지주를 꽂아 놓은 밭도 있다.

큰 토마토가 있으면 방울토마토도 있다. '와, 고야(여주)를 심은 집이 있네.' 어느 틈엔가 작물이 자라는 모양새도 비교해 본다. 밭을 바라보고 있으면 몰랐던 세계와 보이지 않았던 세계가 드넓게 펼쳐진다.

우리 집 텃밭

밭일을 직접 해 보면 밭에 얼마나 친밀감을 느끼는지, 얼마나 애정을 쏟고 있는지 비로소 깨달을 수 있다. 그렇게 밭과 부대끼는 사이에 텃밭과의 거리는 좁혀지고 경험과 깨달음은 깊어진다.

텃밭을 가꾸며 얻은 깨달음이 집안일로 이어지기도 했다. 이대로는 안 되겠다며 물건을 한창 정리할 때는 같은 집안일을 매일같이 되풀이했더니 습관처럼 할 수 있게 되었고, 집안일에도 마음을 붙일 수 있었다. 집안일과 가까워질수록 집안일을 하며 얻는 깨달음도 늘어났다. 몸이 저절로 움직일 만큼 익숙해지자 집안일을 얼마나 가까이에 두어야 할지도 알 수 있었다.

집안일과 거리를 좁혀 가며 깨달은 점은 또 있다. 그것은 바로 집안일을 건너뛰어도 괜찮다는 사실이다. 별것 아닌 듯하지만, 건너뛰어도 괜찮다는 생각만으로도 삐거덕거리던 마음이 얼마나 가벼워졌는지 모른다.

• 하루쯤은 바닥 청소를 건너뛰어도 봐줄 만해.
• 욕실 청소 2~3일 안 한다고 큰일 나지는 않아.

가볍게라도 날마다 청소하다 보면 금세 더러워지는 곳은 어디인지, 더러움을 덜 타는 곳은 어디인지 알게 된다. 매일 쓱 닦기만 해도 마음 단단히 먹고 청소해야 하는 상황은 오지 않는다. 그러니 조금 흐트러지고 더러워져도 괜찮다. 그러니까 청소는 하루쯤 쉬어도 된다. 대충이라도 그림이 그려지니 미리 마음의 준비도 할 수 있다. 내가 나를 해방해 줄 수 있다니 얼마나 홀가분한가.

이렇듯 건너뛰어도 괜찮다는 마음은 곱씹을수록 멋지다. 매일 집안일을 하면서 집안일과 한결 가까워질 수 있었다. 그리고 집안일은 매사에 마음을 쏟는다는 것이 얼마나 소중한지 일깨워 주었다.

08

집안일의
황금 비율

집안일에 마음을 쏟기 시작한 뒤로 비로소 나의 성격과 버릇도 유심히 살필 수 있게 되었다. 살다 살다 나를 들여다보는 날이 올 줄이야. 기왕 살림살이를 싹 비워 내기로 마음먹었으니 평소라면 그냥 못 본 척 지나쳤을 부분까지 꼼꼼히 살펴야겠다는 마음이었다. 기운 빠질 때도 많았지만 마음도 새로 먹었겠다, 기대감도 있어서 힘을 낼 수 있었다. '어렴풋이 보이는 저편은 어떤 세상일까?' 호기심 어린 시선으로 무엇이든 세심하게 살폈다.

한 번이라도 본 적이 있으면 마치 훤히 아는 듯 착각하기도 하지만, 조금 더 유심히 들여다보면 사뭇 다른 세계가 어김없이 얼굴을 내민다. 나 자신도 마찬가지다. 나는 이런 사람이야, 하고 자신을 규정해 버릴 때가 있다. 나도 모르게 마음을 억누르다가 진짜 하고 싶은 것이 무엇인지 몰라 갈팡질팡하게 된다.

어느 책에선가 "가장 하고 싶지 않은 일을 하라."라는 문장을 읽고 눈이 번쩍 뜨인 적이 있다. 가장 하기 싫은 일을 하면 어떻게 될까? 머릿속에 떠오른 건 다름 아닌 '청소'였다. 하기 싫다고 생각했더니 신기하게도 점점 어색해져서 정말로 못 하게 된 청소. 할 거라면 완벽하게 해야 한다는 강박에 사로잡혀서 더욱 운을 떼기 힘들었던 청소. '그래, 이거야!' 하기 싫은 청소를 해야 할 때가 드디어 온 것이다.

막상 청소를 해 보니, 청소는 곧 마음을 가꾸는 일이었다. 집을 정돈할 때마다 마음도 말끔해졌다. 모두 이어져 있었다. 청소도 집안일도, 시간을 어떻게 쓸지 고민하는 과정도 하나같이 나를 알아 가는 시간이었다. 금방 싫증 내고 게으르면서도 성질이 급한 사람, 완벽함에 끌리면서도 일상이 '대충'인 사람. 그게 바로 나였다.

지금껏 딱히 들여다보고 싶다고 생각해 본 적 없는 나의 속마음과 영 내키지 않았던 청소. 청소를 하면 할수록 정체를 드러내는 나의 내면을 마주한다는 게 어쩐지 께름칙했다. 먼지 수북이 쌓인 상자 귀퉁이에서 정체 모를 기운이 새어 나오는 것

현관 청소는 두 번에 나누어서 한다.

현관 쓰레질은 화장실을 청소하면서 같이 하기
→ 현관이 화장실 옆에 있으니까.

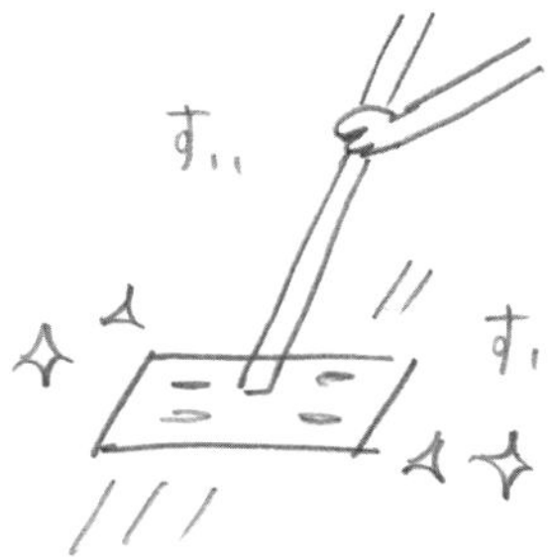

현관 걸레질은 집 안을 닦은 다음 맨 마지막에
→ 청소포 알뜰하게 쓰는 방법

같았다고 할까? 청소, 빨래, 요리처럼 자주 하는 집안일은 루틴을 만들어 술술 하면 좋을 텐데, 루틴을 만들자면 어쩔 수 없이 서툰 일과 맞닥뜨려야 했다.

어떻게 하면 서툰 내 모습을 바꿀 수 있을지 고민스러웠다. 청소를 잘하려면 어떻게 해야 하지? 싫증을 잘 내는 내가 청소를 꾸준히 할 수 있는 방법은 뭘까? 이런 생각이 머릿속을 빙글빙글 맴돌았다.

지금이라면 힘을 좀 풀어도 된다고 생각할 텐데, 막상 그 상황에 있으면 숲을 보기가 쉽지 않다. '서툰 건 어쩔 수 없다.' 있는 힘 없는 힘 다 뺀 뒤 내린 결론이었다.

서툰 일에 거부감이 먼저 들었기에 우선 부정적인 이미지를 떨쳐 내기로 했다. '왜 이게 힘들까?', '못해도 돼. 못하는 일에 집착은 이제 그만!' 거부감을 지우는 과정은 나를 있는 그대로 받아들이는 과정이었다. 내 나름대로 해 나갈 수밖에 없다.

오이는 절대 토마토가 될 수 없다. 토마토가 되려는 오이의 노력만큼 고통스러운 일이 또 있을까. 아름다운 오이가 된다는 것은 얼마나 자연스럽고 멋진 일이란 말인가.

내 성격과 버릇을 마주 보기

집안일은 나의 생활에서 이러한 과정을 거치며 자리 잡아 갔다. 언제 어떻게 어떤 일을 할지 계획하는 과정치고는 남다른 편이었다.

쉬이 질리는 성격이다 보니 현관을 청소할 때 쓰레질과 걸레질을 한꺼번에 하지 않는다. 굳이 현관 청소 시간을 따로 내지 않고, 다른 곳을 청소할 때 겸사겸사 하는 편이다. 한 번에 청소를 끝내야 속 시원한 사람도 있겠지만 싫증이 가장 큰 약점인 나는 질리기 전에 일단 끊어 주어야 한다. 그래서 쓰레질을 한 뒤 조금 시간을 두고 다른 청소를 하면서 곁가지로 걸레질을 한다.

이렇게 나에게 꼭 맞는 집안일의 비율을 깨달을 때마다 나 자신을 조금 더 받아들일 수 있게 되고, 내가 단단해지는 듯한 느낌이 든다. 집안일을 마주한다는 것은 결국 자신을 알아 가는 과정이다.

칼럼 4

초여름

화려했던 벚꽃 무대가 차분히 가라앉을 때쯤, 나무 끝은 서서히 초록으로 물들기 시작한다. 저마다의 초록이 조화를 이루는 아련한 산의 빛깔은 더없이 특별하다. 아주 잠깐만 볼 수 있는 장관이기 때문이다.

움튼 새싹은 아직 조그맣다. 그 조그만 초록빛이 겹겹이 포개어져 빚어내는 아름다운 풍경을 바라보고 있으면 눈이 맑아지는 느낌이다. 눈으로 스며든 초록빛이 온몸에 기운을 북돋아 주는 것만 같다. 고마운 마음이 차오르는 한편, 이런 마음을 안겨 준다는 점 역시 자연의 힘이라며 감탄한다.

산길을 쏘다니느라 한창 바쁠 때 우리 집 텃밭 수확도 하나

푸르른 향기와 공기

둘 시작된다. 지난해에 씨를 뿌려 겨울을 넘긴 스노피(납작한 껍질콩-옮긴이)와 완두콩이 하얗고 사랑스러운 꽃을 피우고, 꽃 속에서는 꼬투리가 자라난다. 초여름의 초록과 향기. 콩은 우리 집 텃밭에서 해마다 가장 듬뿍 수확하는 작물이다.

스노피는 꼬투리째 잘게 썰어 마요네즈로 버무린 다음 토스트에 올려 오븐 토스터에 칭! 아침 식사 스노피 토스트 완성이다. 아삭아삭 초록의 맛이 물씬 풍기는 초여름 메뉴다. 스노피는 시간이 지날수록 꼬투리가 단단해지는데, 꼬투리 속 콩이 영글면 수확해서 완두콩 먹듯 콩만 먹어도 맛이 좋다. 완두콩밥은 빠질 수 없는 메뉴. 완두콩을 올려 장식하고 싶은 마음에 굳이 사오마이(돼지고기와 채소를 넣고 꽃 모양으로 빚은 광동식 딤섬)를 만들기도 한다.

잘 익은 콩은 따로 보관하고, 내년에 심을 요량으로 밭의 완두콩 넝쿨 몇 포기를 남기고 나머지는 베어 낸다. 여기까지가 우리 집 텃밭 콩들의 일생. 여러 채소가 있지만 콩만 해도 해마다 이렇게 많은 이야기를 들려준다.

장마가 찾아올 무렵에는 마늘 수확이 기다리고 있다. 눈 깜짝할 사이에 스쳐 지나가는 초여름에는 기분 좋은 싱그러움이 넘쳐 난다.

サッ
サッ

3장

습관처럼 비워서
생활에
어울리는 만큼만

01

기준은 균형

평범한 일상도 매일 여러 일이 생기며 조금씩 바뀌어 간다. 변한다는 건 누구도 피할 수 없는 일이어서 모두 늘 한결같을 수는 없다. 평소 내 생각과 일을 대하는 마음가짐도 변하기 마련이고, 가정이 있다면 가족 수가 변하기도 한다. 계절마저도 변하는걸. 세상만사 늘 달라지는 것이 당연하다.

정리와 청소만 다 하면 완벽하다고, 앞으로 두 다리 쭉 뻗고 지낼 수 있을 거라고 철석같이 믿었던 때가 있었다. 참 어린 생각이었다. 아마도 난 변함없는 평온을 얻고 싶었나 보다. 호텔이나 모델 하우스처럼 언제나 말끔히 정돈된 집에서 지내면서 말이다. 일단 한번 정리하면 더는 무얼 하지 않아도 언제까지나 깨끗한 상태. 내가 생각하는 완벽한 생활은 이런 것이었다.

'늘 깨끗할 수는 없을까?' 하고 지금도 이따금 생각한다. 하지만 어디까지나 잡지나 인터넷에서 본 단편적인 사진이 빚어낸 환상일 뿐이다. '와, 멋진걸! 나도 저렇게 해 봐야지!' 하는 마음도 잠시, 현실은 그리 호락호락하지 않았다. 인터넷에서 본 멋진 집들을 닮고 싶어서 비슷한 가구를 장만해 이리저리 놓아보기도 했다. 하지만 사진으로 본 근사한 모습은 물 위에 드러난 부분에 지나지 않았다. 수면 아래에 더 넓은 세상이 있으리라고는 미처 생각하지 못했다.

'어떻게 하면 집을 이렇게 멋지게 가꿀 수 있을까?' 잡지와 인터넷에 나오는 멋진 집에 끌려 집을 근사하게 가꾸고 싶다는 생각으로 머릿속이 가득할 때였다. 조금 더 깊이 들여다보았더니 웬걸. 수면 아래에는 살아가는 사람들 나름의 고민의 흔적들이 차곡차곡 포개어져 있었다. 그렇다면 나도 해 보자. 나만의 바닷속으로 들어가 보자. 서서히 아래로 내려가 눈을 떠 보았다. 물 아래로 내려가 보니 파도에 휩쓸리지 않을까 하는 불안감은 거짓말처럼 걷히고 몸이 한결 자유롭게 느껴졌다.

생활, 기분, 취향이 변하는 것은 당연하다. 그럴 때마다 조금 더 나 자신을 유연하게 받아들이면 어떨까? 생활은 완성되지 않으며, 물 흐르듯 언제까지고 자연스레 흐를 뿐이다. 사실은 이렇게 단순한 일인 것을. 생활을 빈틈없이 가꾸어야 한다는 생각에 조바심을 느꼈고, 늘 완벽을 유지하려고 몸에 힘이 잔뜩 들어가 있었다. 물 위에 드러난 모습이 전부라고 생각했었다.

이런 경험을 하고 나니 살림을 돌아보는 일이 무엇보다 중요하다는 생각이 들었다. 언제든 달라질 수 있다. 변해도 괜찮다. 이렇게 생각하며 몸에 들어간 힘을 빼면 마음이 한결 평온해진다. 지금 내가 할 수 있는 최선을 즐기면 그만이다. 어쩌면 나에게 다정해진다는 것은 이런 게 아닐까?

몇 년 전부터 일본 전통주의 매력에 푹 빠져 지낸다. 요즘은 청주를 마시는 날이 많은데, 그래서인지 냉장고에 술이 차지하는 면적이 눈에 띄게 늘었다. 고민하다가 칸막이를 떼어 내고 냉장고 한쪽을 술을 위한 공간으로 써 보기로 했다. 막상 해 보니 생각보다 훨씬 쾌적해서 빙긋. 와인 셀러가 따로 있으면 더할 나위 없겠지만 지금의 최선은 이거다. '좋은 게 좋은 거지, 뭐. 허허!' 이렇게 명랑 만화 속 주인공처럼 단순한 마음이다.

계절에 따라 산책 시간을 달리하기도 한다. 봄에는 주로 저녁에, 여름에는 밤에, 가을과 겨울에는 산책하기도 하고 쉬기도 하고. 꼭 무엇을 어떻게 해야만 한다는 고정 관념에서 벗어나 홀가분해지면 몸도 마음도 편안하다.

뿌듯한 일본 전통주 냉장고

물건의 양도 마찬가지다. 요즘은 지인들과 함께 집에서 식사하는 일이 눈에 띄게 줄었다. 다 같이 식사할 때 쓰려고 와인 잔을 꽤 많이 마련해 두기도 했었다. 하지만 남편과 단둘이서만 저녁 반주를 나눈 지 이미 몇 년째. 레드와인, 화이트와인, 스파클링 와인용 잔을 각각 두 개씩 모두 여섯 개만 신중히 골라 남기고 싹 정리했더니 속이 다 시원했다.

이렇게 무언가를 새로 알아 가는 과정은 꽤 즐겁다. 마치 잠수했다가 물 위로 머리를 내밀기도 하면서 바닷속을 유유히 돌아다니는 기분이라고 할까? 늘 마음 편안히 지내고 싶으니까, 살림살이를 비우며 균형감을 되찾는다. 바라건대 나의 바다가 늘 잔잔하기를.

무엇이든 해 보아야 비로소 알 수 있다. 있는 힘껏 내달리다가 부딪치기도 하면서 형태 잡아 나가기. 살림의 균형을 잡는 내 나름의 노하우다.

02

조바심이 눈덩이가 되면

이따금 사람은 기가 막히게 만들어져 있다는 생각이 든다. 어떤 일 앞에서 '이대로 괜찮을까?' 또는 '이건 영 별론데.'라는 생각이 들어도 언제 그랬냐는 듯 금세 상황에 익숙해지니 말이다.

이렇게 점점 무뎌져 가는 걸까? 불편하고 싫지만 익숙해진다는 것은 어쩌면 불편한 상황으로부터 나 자신을 지키는 방법일지도 모른다. 마음에 들지 않으면서도 아무렇지 않게 넘겨 버릴 수 있는 우리의 능력이 놀랍기만 하다.

'걸 때마다 고리가 떨어질 것 같단 말이지.'
'젖은 우산 둘 곳이 마땅치 않은데 대충 여기에 둘

까?'

'창문을 열 때마다 가구 때문에 힘드네.'

사소하지만 마음에 걸리는 일은 매일의 일상에 가득하다. 썩 유쾌한 일은 아니어서 마음 같아서는 못 본 척 넘기고 싶지만, 적어도 집에서만큼은 이런 기분을 정성스럽게 들여다보려고 하는 편이다. 마음에 걸리는 점이 있다면 분명히 깨달을 점도 있으리라는 생각에서다.

감정을 억누를 때가 있듯이, 살다 보면 불편하고 못마땅한 기분도 못 본 척할 때가 많다. 못마땅했던 일은 빨리 떨쳐 버리고 싶고, 하염없이 붙들고 있어 봐야 좋을 건 없다. 하지만 불편하게 느껴지는 데에는 틀림없이 이유가 있다. 그래서 나는 무엇이 마음에 걸리는지 일부러라도 기억해 두는 편이다. 설령 바로 해결하지 못하는 문제여도 마찬가지다. '이거, 저번에도 이랬었지.' 하고 되짚어 본다.

아무리 사소한 문제도 그대로 놔두면 일상에 스며들어 어느새 보이지 않게 된다. 무엇보다 피하고 싶은 상황은 바로 이것. 사람은 너무 잘 만들어져 있어서 불편했던 마음은 금세 잊지만 불편함은 시나브로 쌓여만 간다. 문득 정신을 차리고 보면 눈덩이처럼 불어나 있는 불편함은 이제 지긋지긋하다.

그러고 보니 작은 불편함을 못 본 척해서 아찔한 경험을 한 적이 있다. 청소가 싫었던 시절, 우리 집 주방 환기팬에는 기름때가 덕지덕지 엉겨 붙어 있었다. 어느 날 요리를 하는데 가스레인지 위에서 무언가가 뚝 떨어졌다. '앗?' 뭔가 하고 봤더니 찌든 기름때가 녹아서 떨어지는 게 아닌가! 하지만 나는 태연하게 떨어진 기름방울만 닦아 냈고, 아무 일 없었다는 듯 이내 잊었다.

이 찜찜한 사건을 해결할 생각도 하지 않고 그대로 내버려 두었다. 다음번에 찌든 기름때가 뚝뚝 떨어져도 더는 감흥이 없었다. 하지만 마음속에는 찜찜함이 쌓일 대로 쌓여 눈덩이처럼 불어나고 있었다. 보고도 못 본 척하며 불편함과 공존하면 이렇게 마음마저 불편해진다.

바람직한 상태를 깨닫고 나서야 불편함을 쌓아 둔다는 게 얼마나 해로운지 깨달았다. 바람직한 상태란, 환기팬을 뽀득뽀득 닦아 말끔해졌을 때. 이렇게 끔찍한 상태를 못 본 척, 아무렇지 않은 척하며 나의 감각을 무디게 만들고 있었다니, 그제야 나를 깊이 돌아보았다. 주방이 말끔해지니 얼마나 쾌적하단 말인가. 기름방울 떨어질 걱정에서 벗어나니 마음은 또 얼마나 홀가분하단 말인가. 바람직한 상태가 무엇인지 경험으로 하나 더 배웠다. 작은 찜찜함을 그냥 흘려보내면 마음은 물론 몸에도 해로울 수 있다는 사실도.

불편하고 마뜩잖은 기분이 들었던 순간을 잊지 않기 위해, 무언가 불편함을 느끼면 노트에 적어 두는 편이다. 노트는 내 머리나 마찬가지다. 날마다 노트를 펼쳐 훑어보면서 불편했던 순간을 곱씹어 본다. 노트 하나에 집안일과 업무를 모두 적는데, 매일같이 펼쳐 보다 보면 '어머, 그새 이걸 잊고 있었네!' 하고 노트 덕분에 다시금 떠올릴 때도 적지 않다.

불편함을 해결할 방법이 떠오르면 시간이 걸리더라도 조금씩 고쳐 나간다. 생활이 쾌적해지는 것은 물론이고 아주 사소한 변화인데도 마음이 홀가분해진다. 한번 맛보면 헤어날 수 없는 기분이라고 할까? 작은 변화가 쌓여 나에게 꼭 맞는 생활이 된다고 생각하면 너무 흐뭇하다. 이렇게 생활은 점점 쾌적해져 간다.

불편한 마음이 좋을 수는 없다. 하지만 쾌적한 생활의 힌트를 불편함에서 찾을 수 있다고 생각하면 한순간의 불편한 감정은 사실 별것 아니다. 나의 감각을 기꺼이 받아들이며 생활을 쾌적하게 가꾸고 싶은 이유다.

마음에 걸리는 일들을 적어 놓은 노트

03

물건을 버리면 감정도 가뿐하다

감정은 어디에서 흘러와 어떻게 마음에 머무르는 걸까? 어떤 계기가 있어야만 끓어오르는 것이 감정인 것 같기도 하고, 꼭 그렇지만은 않은 것 같기도 하다. 지금보다 물건을 많이 가지고 있었던 몇 년 전에는 물건은 물론이고 감정도 넘쳐흘렀다. 감정이 넘쳐흐른다는 것은 감정이 풍부하다는 뜻이 아니라, 그때그때 끓어오르는 감정에 휩쓸린다는 뜻이다.

물건과 감정. 이 둘은 언뜻 상관없어 보여서 크게 신경 쓰지 않았었는데 이제 와 생각해 보면 이 둘의 사이는 꽤 깊다. 어느 쪽이 다른 한쪽에 영향을 끼치는 게 아니라 서로 영향을 주고받는 사이이기 때문이다.

감정을 다스리는 데에는 여전히 서툴지만 물건을 비워 내는 일이라면 이제 제법 자신이 있다. 물건을 내다 버리는 과정에서 곧 버릴 물건들과 마주했던 시간 덕분이다. 물건뿐만 아니라 나와도 마주할 수 있는 시간이었다.

안 쓴 지 꽤 되었고 예전만큼 마음이 가지도 않는 물건들에 둘러싸여 있을 때는 가시방석에 앉은 듯 마음이 불편해도 이런 저런 이유를 달아 정리를 뒤로 미루기 일쑤였다. 마음 편히 지내고는 싶지만 물건과 마주하기는 귀찮았다. 그렇게 쓰지 않는 물건과 필요 없는 물건은 점점 늘어났다. 물건이 늘어나면 감정도 쌓였다. 마음 한구석이 꽉 막혀 버려도 불편한 기분을 줄곧 끌어안고 지냈다.

물건을 처음 버릴 때는 버린다는 행동의 예상치 못한 수고로움에 진이 빠지기도 했다. 쓸모를 잃은 물건을 지금껏 쟁여 두었던 이유도 어렴풋이 깨달았다. 마치 내가 나를 나무라는 기분이어서, 내 것이 된 물건을 내 손으로 버린다는 점이 영 내키지 않았다.

물건을 처음 손에 쥐었던 때의 나를 안아 주고 싶어서 쓸모가 없어진 물건을 끌어안고 있었다니, 고개만 절레절레. 누구든 실수를 하고 취향도 변하기 마련인데 물건을 버리기는 그리 녹록

하지 않다.

욱신욱신 쓰린 마음을 부여잡고서 '이건 필요하고, 저건 버려도 돼.' 하고 골라내기를 거듭했다. 어느샌가 나는 버릴 물건과 함께할 때의 내 마음을 돌아보고 있었다.

처음 샀을 때는 이랬지. 한창 쓸 때는 이랬는데.
하지만 지금은 괜찮아. 이제 없어도 돼.

이 과정을 되풀이했다. 덕분에 물건은 물론이고 지난날을 비워 내는 연습도 할 수 있었다.

물건을 비웠더니 감정도 정돈되었다. 흘러넘치는 감정을 살피고, 꼭 쥐고 있던 감정을 비로소 털어 낼 수 있었다.

- 그때 이런 말을 들어서 화가 났었어.
- 왜 이런 말을 했을까? 이제 어쩌지?
- 그때 왜 그렇게 하지 않았을까?

이런 감정이 가득 쌓여 꽉 막혀 있던 마음속. 그런 마음에 손을 뻗어 하나하나 가지치기를 해 나갔다. 감정이 끓어오르는 것은 자연스러운 일이다. 왜 그땐 그렇게 생각했을까? 내 마음을

물건의 양과 불편한 감정은 이어져 있다.

스스로 돌아보는 작업은 필요 없는 물건을 비워 내는 과정과 비슷했다. 이렇게 꾸준히 마음을 확인하다 보니 마음에 공간이 생겨 여유로워졌다. 온갖 감정이 넘치던 마음이 언제 그랬냐는 듯 말끔해졌다.

이미 일어난 일을 어떻게 받아들이면 좋을까? 옳고 그름을 따지기 전에 그저 있는 그대로 느껴 보자. 스스로가 한심하게 느껴지고 화가 난다면 내가 무언가를 움켜쥐고 있다는 뜻이다. 어쩌면 무엇을 움켜쥐고 있는지까지 알 수 있을지 모른다. 무엇을 꼭 쥐고 있는지 깨달았다면 너무 무겁게 받아들이지는 말 것. '아, 나는 그런 상황이 불편했던 거구나.' 이렇게 나의 마음을 깨달았다는 점이 중요하다.

마음속에 쌓아 두기 쉬운 감정들을 뒷전으로 미루지 말고 하나하나 들여다보며 확인해 보자. 찬찬히 살펴보면 곧바로 비우지는 못하더라도 꽤 홀가분하게 지낼 수 있다.

04

물건을 비운
뒤의 편안함

물건을 버렸다. 물건을 잔뜩 껴안고 있었던 만큼, 물건을 버리기가 힘겨웠던 만큼, 버리고 나니 개운하고 상쾌하고 편했다.

조금씩 천천히 비웠다면 눈에 띄는 효과는 없었을지도 모른다. 한가득 쌓인 물건을 버리기 전과 후를 비교해 볼 수 있다는 것은 얼마나 귀하고 고마운 일인지. 생각해 보면 얼마나 사치스러운 경험이란 말인가. 하지만 두 번은 겪고 싶지 않다. 물건을 버려야 하는 괴로움은 이제 질색이니까, 물건을 버릴 때의 기분만큼은 절대 잊지 않으리라 다짐해 본다.

의도한 것은 아니지만 물건을 버리면서 힘들었던 경험 덕분에 나에게 필요한 물건인지 알아보는 지혜와 거절하는 방법을 배웠다. 누군가가 나에게 꽤 괜찮아 보이는 물건을 준다면? '언젠가 쓰지 않을까? 안 받으면 후회하지 않을까?' 고민스러울 때는 물건을 소중히 사용해 줄 다른 이에게 가면 어떨지 생각해 본다. 내가 과연 잘 쓸지 모르겠을 때도 마찬가지다.

예전에는 거절할 이유가 마땅치 않고 언젠가 쓸지도 모른다는 생각에 무엇이든 덜컥 받았다. 하지만 그런 물건은 사용하기는커녕 몇 년 동안 방치하기 일쑤였다. '어머, 이런 게 있었네.' 하고 놀랐던 적이 셀 수도 없다. 남에게 받은 물건은 버리기도 조심스러우니까 다시 콕 박아 둔다. 이 과정을 되풀이하다 보니 멀쩡한데도 쓰지 않는 물건이 쌓여만 갔다.

하지만 힘겹게 물건을 버렸던 경험 덕분에 거절해야 하는 분명한 이유가 생겼다. 거절에는 섬세함이 필요해서 자칫 상대와의 사이가 상하기 쉽다. 그럼에도 나만의 룰을 정해 내게 꼭 필요한 물건이 아니면 모두 거절할 수 있게 되었다. 서서히 조금씩 거절을 익힌 결과였다. 거절은 어렵지만 물건을 버릴 때의 괴로움과 비교하면 별것 아니다. 같은 실수를 다시는 되풀이하고 싶지 않다는 마음이 더 크다. 이런 간절한 마음이 전해지는지, 다행히 모두 잘 이해해 주는 편이다.

물론 거절은 여전히 어렵다. 남이 뭔가 준다고 하면 일단 받아야 좋은 인상을 남길 수 있지 않을까, 하는 생각도 든다. 하지만 좋은 사람으로 남고 싶은 마음보다 물건을 늘리고 싶지 않은 마음이 더 간절하다.

잔뜩 껴안고 있던 물건을 정리하면서 잘하게 된 일은 또 있다. 바로 막힘없이 가려내는 기술이다. '없으면 안 되는 거였는데, 이젠 필요가 없네.' 이렇게 더 이상 전과 같지 않음을 느낄 때는 생각보다 많다. 살다 보면 어쩔 수 없는 일이다.

쓸모가 사라졌음을 깨닫고 버리면 더할 나위 없지만, 내가 쾌적하다고 느끼는 집의 모습만 기억해 두어도 이제 더는 안 된다고 빨간불을 켤 수 있다. 마치 집 안을 훤히 꿰뚫어 보기라도 하듯이 말이다.

거절이 힘들었던 만큼이나 내게 필요한 물건인지 가려내는 과정도 호락호락하지만은 않았다. 하지만 다시는 물건을 쌓아두고 지냈던 시절로 돌아가고 싶지 않은 마음이 컸고, 다음 두 가지를 가장 먼저 생각하게 된 뒤로는 필요한 물건을 알아보기가 수월해졌다.

- 어떻게 하고 싶은가?
- 어떤 공간에서 지내고 싶은가?

인연이 닿아 우리 집을 찾아와 준 물건을 버린다는 건 아무래도 슬프고 힘들 수밖에 없다. 그래도 다시는 같은 실수를 하지 않겠노라고 이를 갈았기에 이제는 그리 어렵지 않게 가려낼 수 있다.

때로는 하나의 경험이, 내가 소중히 여기는 곳으로 돌아갈 계기를 마련해 주기도 한다. 소중한 것은 일상에 수도 없이 깃들어 있다.

05

나의 용량 알기

생활을 좋아하면 살림살이에도 관심이 가기 마련이다. 애정이 듬뿍 담긴 물건이 일상에 있으면 그렇게 행복할 수가 없다. 마음에 쏙 드는 찻잔 세트에 커피를 마시고, 아끼는 냄비로 음식을 만든다. 매일의 식사를 품어 주는 다이닝 테이블과 의자, 품을 들여 모은 취향 저격 생활용품들, 그리고 집까지. 아끼는 것들로 가득한 공간에서 쾌적하게 지내는 일상은 조금 뻔하긴 해도 얼마나 근사하단 말인가. 때로는 기적처럼 느껴지기도 한다. 이런 이야기를 하는 이유는 집의 소중함을 몸소 느낀 경험을 이야기하기 위해서다.

원래 집에 머물기를 좋아하는 나는 집순이가 체질이라는 생각이 들 만큼 집에서 보내는 시간이 좋다. 그런데 결혼 후 이사 온 이시카와현에서 등산에 눈떴다. 새로운 곳으로 이사 왔기 때문만은 아니고, 따로 계기가 있었다.

결혼 후 남편과 함께 자영업을 시작하면서 새로운 경험이 물밀듯이 밀려들었다. 두근두근 설레는 만큼 불안하기도 했다. 불안한 마음이 아무래도 가시지 않던 어느 날, 막연히 '산에 오르면 무언가가 있지 않을까?' 하는 생각이 들었다.

매일 책상 앞에서 일하느라 운동은커녕 출퇴근조차 하지 않는 내가 이런 생각을 하다니 잠시 의아하기는 했지만, 이건 '할 수 있을까?' 하는 망설임이라기보다는 필요하다는 확신에 가까웠다. 전국의 온천을 돌아다니면서 깊은 산에 들어간 적은 있어도 이동은 차로 했고 머무는 숙소들은 하나같이 제대로 된 건물이어서 불편함이라곤 찾을 수 없었던 지난날.

등산해야겠다는 생각이 든 것은 아마 몸을 쓰고 싶어서였으리라. 그래픽 디자인 업무는 주로 머리와 눈으로 하는 일인지라 몸은 사실 찬밥 신세다. 어쩌면 몸이 '이건 좀 아니지. 균형이 영 안 맞잖아!' 하고 존재감을 드러낸 것인지도 모른다. 그리고 이제야 드는 생각이지만 자연을 가까이하고 싶어질 때는 나 자신이 메말라 기력이 다한 경우가 많은 듯도 하다.

이리하여 일등 집순이이자 체력 빵점에 등산은 처음인 나(정확히 말하자면 우리 부부)의 첫 등산이 막을 올렸다. 백팩에 텐트와 침낭, 음식을 눌러 담고 이시카와현에서 가장 높은 2,700미터 하쿠산(白山)에 올랐다.

등산을 시작한 지 10분도 안 돼 '이거 만만치 않은데.' 하고 불안감이 밀려왔다. 하지만 이미 발을 뗐으니 돌이킬 수도 없는 노릇이었다. 야영장에 도착하려면 앞으로 네 시간은 걸어야 하는데 숨은 가쁘지, 몸은 무겁지. 가방은 또 왜 이렇게 무거운지. 나의 체력을 눈곱만큼도 알지 못했다는 사실, 몸을 어떻게 쓰면 좋을지조차 생각해 본 적 없다는 사실에 아차 싶었다. 오랜만에 맛본 충격이었다.

하지만 어떻게 해서든 걸을 수밖에, 오를 수밖에 없었다. 가방끈은 어깨를 파고드는데, 집에서 메 볼 때와는 무게가 사뭇 다르게 느껴지는 건 왜일까? 오르막길이라서? 겨우 1박 2일 짐인데 이렇게 무겁다니. 요즘 등산용품은 워낙 가볍게 나와서 무거울 리가 없는데. 집에서 뭘 가지고 왔는지 생각나지도 않을 만큼 기진맥진했다.

처음 예상한 시각보다 꽤 늦어졌지만 고난과 역경 끝에 야영장에 도착했다. 쉬는 것도 잠시, 백팩에서 짐을 꺼내며 내가 뭘

넣었는지 하나하나 확인해 보았다. 어쩌면 쓸지도 모르겠다는 생각으로 담은 그릇, 깜찍한 나무 숟가락과 미니 도마, 파자마가 있었다. 하나씩 따로 놓고 보면 전혀 무겁지 않은 물건들인데 한꺼번에 들면 이렇게 무겁다니, 소지품의 쓸모를 다시 생각할 필요가 있었다.

산속에서의 쾌적한 1박을 위해 싸 온 짐이었지만 체력 빵점인 나에게 정말 필요했던 것은 쓸모없는 물건을 가려내는 지혜였다. 인간은 이렇게나 짐이 필요한 존재다. 평소에는 잘 몰랐지만 집에 있는 물건도 적지 않다는 생각이 들었다.

이것저것 정리하다 보니 해가 지고, 산속은 불빛 하나 없이 까맣고 고요해졌다. 눈으로 들어오는 자극이 없으니 소리와 기척에 예민해졌다. 산속 생명의 숨결을 느낄 수 있는 시간이었다. '모두 이곳에서 빈손으로 사는구나. 물건 하나 없이. 나는 고작 하룻밤을 묵는 데에도 이렇게나 짐이 많은데.' 알고 보면 생명이란 얼마나 단순하단 말인가!

내 짐의 묵직함과 산속 생명의 가뿐함. 저마다 꼭 맞는 물건의 양이 있다는 사실을 느꼈던 경험이었다.

06

숨겨도 사라지지 않는다

보이는 모습이 전부는 아니다. 형태가 보이지 않아도 어렴풋이 느낄 수 있다. 세상에는 또렷이 보이는 정보가 차고 넘치기에 눈에 보이지 않는 것들도 소중히 여기고 싶다.

눈에 보이지 않는 것들이란 감정, 분위기, 생각처럼 내 안에 분명히 자리하고 있는 감각의 영역을 말한다. '편하다', '불편하다'라는 느낌만으로도 우리는 상황을 충분히 판단할 수 있지 않은가.

눈에 보이지 않아도 우리는 늘 어떤 식으로든 느끼면서 지낸다. 느낌은 꽤 중요해서 그냥 지나치기 힘들다. 이렇게 생각하게 된 데에는 역시나 어떤 사건이 있었다.

나는 덤벙대는 성격이라 세심한 일에 서투르다. 못한다기보다는, 하려면 온 정성을 쏟아야 한다는 표현이 맞다. 이런 나에게 정리는 눈을 최대한 가늘게 뜨고서 되도록 조금만 보고 싶은, 멀고도 끝없는 일이다. 때로는 헛웃음이 나올 만큼 정리가 서툴지만 인테리어는 너무나 좋다. 덕분에 집 안 곳곳에 물건이 널려 있었고, 물건을 보이지 않는 곳에 넣어 두고는 없는 셈 치곤 했다.

물건을 보이지 않는 곳에 두더라도 어디에 있는지만 기억한다면야 훌륭한 수납이다. 하지만 물건을 숨겨 두고서 없는 셈쳤던 나는 물건에 대한 애정이 없었다. 애정은 비단 사람을 향한 마음만 있는 것은 아니다.

숨겨 둔 물건이 저절로 사라지지는 않으니 물건을 어떻게 할지는 결국 내가 정해야 한다. 옷장은 물론 주방 찬장, 방 한쪽에까지 물건들이 가득했다. 쓰지 않는 물건, 되는대로 놔둔 물건, 언젠가 쓸지 모른다는 생각에 쟁여 놓은 물건. 이런 물건들이 눈에 보이지 않는 어두운 기운을 내뿜고 있었다. 마음을 가라앉히고 물건을 이렇게 아무렇지 않게 방치하고 있었던 나에 대해 생각해 보았다. 그리고 시간을 내서 하나씩 하나씩 끈질기게 정리해 나갔다.

그저 마음이 건강했으면 했다. 몸도 몸이지만 한 사람으로서 내면이 건강했으면. 튼튼한 내면을 지니고 싶다는 바람을 담아 마음먹은 일을 정성껏 해 보기로 했다. 나 몰라라 했던 물건들을 조금씩 버리다 보니 신기하게도 마음에 활기가 돌았다. 물건을 버린 덕분이기도 했지만, 방치했던 물건과 함께 나의 감정을 살피면서 답을 찾아낸 덕분이었다.

매일 귀찮다며 물건을 나 몰라라 했고, 물건들을 팽개쳐 두었다는 죄책감을 어느샌가 끌어안고 있었음을 그제야 깨달았다. 내가 한 행동은 돌고 돌아 결국 나에게 왔다. 야물지 못한 나에게는 적잖은 충격이었다.

야무진 성격과는 여전히 거리가 있지만 물건을 나 몰라라 하는 것만은 피하려고 한다. 마음가짐을 겨우 이만큼 바꾸었을 뿐인데 마음은 훨씬 가뿐해졌다. 한번 맛을 보니 생활을 더욱 쾌적하게 가꾸어 보고 싶기도 하다. 생활을 쾌적하게 가꾼다는 것은 생활이 풍요로워지는 일이라 무척 즐겁다.

쾌적한 생활을 유지하고 싶으니까 물건을 주기적으로 정리하고 싶은 마음도 자연히 생긴다. 나날이 새로운 바람을 들인다는 것은 나에게 맞는 쾌적함을 조금씩 찾아 나가는 과정은 아닐는지.

생활을 조금 더 쾌적하게 가꾸고 싶으니까 물건과 감정을 말끔하게 정리해 본다. 끊임없이 변하는 게 취향이니까 보관해 둔 물건도 수시로 돌아본다. 그리고 날마다 조금씩 물건과 마주하면서 생각한다. 완벽하지는 않더라도 바람 솔솔 통하는 심플한 사람이 되고 싶다고.

중요한 건 물건 하나하나와 정성껏 마주하기

07

정말로 필요할까?

우리 집은 오래된 투룸 아파트다. 지어진 지 30년이 다 되어 가는 이곳에 우연히 인연이 닿아 이사 온 지 10년이 흘렀다. 레트로라고 하기엔 조금 멋쩍지만, 다른 곳에서는 좀처럼 찾아 보기 힘든 오래된 설비가 마음에 든다.

하지만 수납공간이라곤 옷장 하나가 유일하다. 투룸 아파트는 보통 이렇지만 솔직한 마음으로는 조금 아쉽다. 단 하나뿐인 옷장은 우리 집의 둘도 없는 수납공간이면서도 지금까지 필요 없는 물건을 잔뜩 쌓아 두던 공간이었다.

지금도 제법 물건이 들어차 있는 옷장. 물건을 많이 줄였지만 부부 두 명분이 들어 있다 보니 아무리 고르고 솎아 내도 빼곡

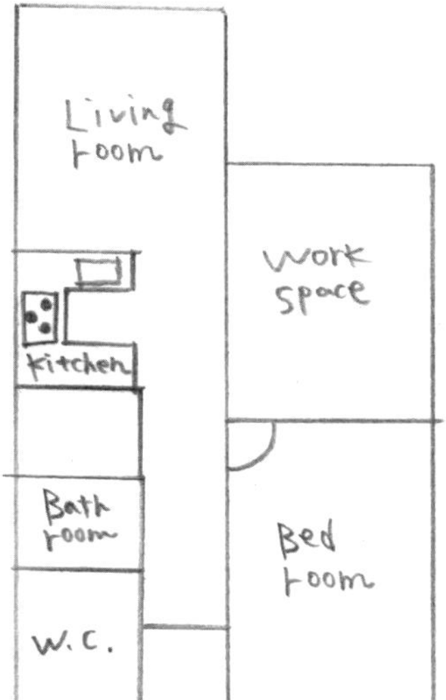

우리 집 배치도

한 건 어쩔 수 없다.

이렇게 단 하나뿐인 수납공간에 나는 상자 하나를 넣어 두었다. 이름하여 '필요할까 상자'. 주로 옷을 정리하는 용도로 나온 리빙 박스인데 옷장 너비에 딱 맞는다. 우리 집에 단 하나뿐인 수납공간인 옷장에서도 제법 자리를 차지한다. 꼭 필요한 물건이 들어 있으면 좋겠지만 아쉽게도 고민스러운 물건, 모호한 물건, 지금 바로 버리기 힘든 물건의 피난처로 사치스럽게 활용하고 있는 상자다.

여러 물건과 지내다 보면 문득 불편함을 느끼는 순간이 찾아온다. 설마 나만 그런 걸까? 누구나 변해 가기 마련이니 별수 없다고 마음을 다독여 본다. 취향이 변하기도 하고 새로운 물건이 생겨서 더는 안 쓰게 되기도 하는데, 이렇게 조금씩 어긋난 나와 물건의 틈은 바로잡아 줄 필요가 있다.

물건과의 이별은 언젠가 찾아온다. 하지만 막상 물건을 버리려면 놓아주기가 힘들어서 용기가 필요하다. 그래서 물건을 자연스럽게 놓아줄 수 있는 루틴을 만들기로 했다.

내가 물건을 놓아주는 타이밍은 정해져 있다. 버릴지 말지 고민스러운 물건이 생겨서 '필요할까 상자'에 넣었는데 뚜껑이

든든한 내 편 '필요할까 상자'

닫히지 않을 때다. 이 순간은 언젠가 반드시 찾아오니 무심한 나에게 제격이다.

물건을 비우는 일을 미루고 싶지 않으니까, 계절이 바뀔 때마다 정리하겠다는 식의 규칙은 정해 두지 않았다. '필요할까 상자' 뚜껑이 안 닫힐 때 상자 안을 확인하면 그만이다. 얼렁뚱땅 넘어가기 전문인 나를 위한 일종의 알람인 셈이다.

'필요할까 상자'에 물건이 가득 찬 모습을 보면 무언가를 버려야겠다고 마음먹기가 한결 수월하다. 상자가 빼곡히 차면 버릴지 말지 계속 망설였던 물건도 이제 그만 놓아주어야겠다는 생각이 든다. 버리려고 상자 안을 살펴보면 부끄럽게도 '이거 아직도 있었네?' 하고 눈으로 보기 전까지 까맣게 잊고 있던 물건투성이다.

쓰임이 사라진 물건을 하염없이 가지고 있었음을 일깨워 주는 '필요할까 상자'. 외관이 번지르르한 것도 아니고 대단한 물건이 든 것도 아니지만 이제 나에게는 없어서는 안 되는 공간이다. '필요할까 상자'가 생긴 뒤로 물건에 대한 찜찜한 기분을 모른 척 내버려 두는 일이 줄어들었다. 상자가 마음의 여유를 만들어 주는 것 같기도 하다. 마음속이 불편함으로 가득 차지 않게 지켜 주는 느낌이라고 할까?

마음이 여유로우면 낡은 생각과 생활 습관을 더욱 잘 살필 수 있다. 해묵은 생각과 습관은 나를 과거에 묶어 두고 지금을 힘겹게 만든다. 과거의 생각과 습관에 사로잡히지 않으면 더할 나위 없이 좋겠지만, 무언가에 사로잡혀 있다는 사실만 깨달아도 평온하고 건강하게 지낼 수 있지 않을까?

버린다는 것과 마음의 여유

버린다는 것은 하루하루를 새롭게 가꾸어 주는 산뜻한 일이다. 잊을 만하면 어떤 물건을 버릴지 고민해야 하니 물건을 버리는 일은 이제 익숙하다. 늘 나 자신에게 묻고 지금 모습을 확인하며 마음에 신선한 바람을 불어넣어 준다.

억지로 힘들이지 않고, 강물이 흐르듯 높은 곳에서 낮은 곳으로 자연스럽게. 때로 장애물을 만나도 물길이 막혀도 깨달을 수 있기를. 나는 오직 나 자신만이 가꿀 수 있다. '필요할까 상자'가 일깨워 준 사실이다.

08

흐트러져도
괜찮아

한가롭고 평온한 생활. 나는 언제나 진심으로 이런 생활을 꿈꾼다. 즐겁고 멋진 일이 가득한 세상이기에 '나는 어떻게 하고 싶은 걸까?' 하고 늘 나에게 묻는다. 그럴 때마다 떠오르는 생각은 '자유로울 것'. 상황이든 마음이든 모두 말이다.

가장 하고 싶은 것은 평온한 생활이니까, 평온한 생활을 위해서라면 기꺼이 무언가를 할 준비가 되어 있다. 그러니까, 나에겐 아직 그만한 열정이 있다.

- 늘 자유로울 것
- 얽매이지 않을 것

평온한 생활을 위한 내 나름의 수칙은 이 두 가지다. 그런데 가끔은 어쩔 수 없이 일정이 빼곡해지기도 한다. 살림과 업무와 지역 행사가 이상하리만큼 한꺼번에 밀려들 때면 조금씩 흐트러지는 선반과 쌓여 가는 먼지. 무언의 압박일까?

신기하게도 쫓기면 쫓길수록 흐트러진 집과 쌓여 가는 먼지가 도드라져 보인다. 너무 거슬려서 어떻게든 하고 싶다. 이쯤 되면 평온한 생활 어쩌고 할 상황이 아니다.

바쁘면 마음의 여유가 사라져 조바심이 든다. 마음처럼 잘 풀리지도 않으면 더욱 초조해지는 전형적인 악순환. 하지만 악순환에 빠지는 것은 이제 시시하다. 비록 당장 너저분하고 조바심이 들어도 괜찮다. 나에게는 물건 정리가 있으니까.

물건을 버리는 습관을 들인 이후로는 집이 어수선해도, 마음과 시간에 여유가 없어도 조바심에 쫓기는 일이 눈에 띄게 줄었다. 물건을 정리하고 나면 다시 말끔해질 걸 아니까. 잠시 짬을 내 빠르게 버릴 건 버리고 정돈하면 그만이다. 이렇게 하다 보니 흐트러질까 더러워질까 하는 걱정에서 자유로워졌고, 마음의 여유도 지킬 수 있었다. 물건을 비운다는 것은 이렇게나 후련하고 보람차다.

물건을 버리기 좋은 순간은 시간이 생겼을 때다. 주로 그때그때 기분이 내키는 곳을 골라 정리하는데, 예를 들자면 이런 느낌이다.

• '이렇게 해 주면 좀 좋아!' 하는 불만이 머릿속에 가득할 때

→ 그새 불어난 주방 서랍 속 용품을 솎아 내면 속이 다 후련하다.

'내가 너무 깊이 생각했던 건 아닐까?'

• 남에게 들은 말을 선뜻 받아들이기 힘들 때

→ 흐트러진 주방 찬장을 정돈하고, 내가 쓰기 좋도록 배치를 바꿔 본다.

'나쁜 뜻은 아니었을 텐데, 내 속에서 꼬여 버렸던 모양이야.'

청소로도 물건을 정리할 때와 같은 효과를 볼 수 있다. 남 탓을 하게 될 때는 더러워진 창문을 닦는다. 마음에 난 창이라고 생각하면서 반짝이도록 닦아 본다. 신문지와 걸레만 있으면 그리 어렵지 않게 할 수 있는 청소인데, 이렇게 창 하나만 깨끗이 닦아도 기분이 사뭇 달라진다. 창문 너머로 바깥 풍경이 빛을 발하면 마음도 맑게 갠다.

위) 반짝이는 창문
가운데) 정돈된 주방 찬장
아래) 정돈된 주방 서랍

'어쩌면 흐린 마음으로 남을 바라보고 있었던 건 아닐까……?'

휩쓸리기 쉬운 감정, 생각, 습관에서 벗어나게 해 줄 기회는 흐트러진 집과 먼지라는 이름으로 일상에 잠들어 있다. 이렇게 생각하면 흐트러지고 더러워지는 집을 보며 크게 스트레스를 받지 않게 된다.

이런 날도 저런 날도 있고, 좋은 일도 나쁜 일도 있기 마련이다. 무엇이든 나에게 필요한 일이었다고 생각하면 매일의 생활이 더욱 의미 있고 풍요로워진다.

칼럼 5

겨울

저 멀리 산이 희미하게 하얘진다. 올해 첫눈이다! 마음이 방방 들뜨는 연중행사가 돌아왔다. 눈이 마을 가까이 다가올수록 추위는 더해만 간다. '언제쯤 도로가 하얘질까?' 하는 생각에 마음 설렌다.

어느덧 12월이라니, 시간은 참 쏜살같다. 시간의 흐름에 맞설 도리가 없어 '시간 참 빠르네.' 하고 생각하면서도 흘러가는 나날을 따라잡으려 안간힘이다.

새해가 바로 코앞이라니! 마지막과 시작의 순간을 조금이라도 기분 좋게 맞이하고 싶다는 마음을 담아, 가능한 범위로 계획을 세워 청소한다.

창문, 냉장고, 환기팬. 이 정도만 해도 더할 나위 없겠다는 바람으로 노트에 적어 두고, 청소가 끝나면 선을 그어 글씨를 지운다. 완벽하게 청소하진 못하더라도 어느 한 곳이라도 윤이 나고 말끔해지면 곧 새해가 찾아온다는 사실이 피부에 와닿는다. 이 기분이 반가워서, 바쁜 시기인 걸 알지만 대청소는 놓치고 싶지 않다.

기다리고 기다리던 눈 쌓인 아침. 창밖은 새하얗고, 출근하는 차가 달리는 속도는 평소보다 느릿느릿. 눈이 하염없이 내리는 풍경은 마치 스노볼 같아서 언제까지고 바라볼 수 있을 것만 같다.

색깔도 소리도 모두 덮어 주는 신비로운 눈. 흑백의 세상에서 가로등의 주황색 불빛만이 악센트가 되면 세상의 아름다움에 넋을 잃는다.

아름다운 풍경과 함께 자가용을 내보내기 위한 의식도 시작된다. 우리 집 주차장은 지붕이 없어서 꼭 눈을 치워 주어야 한다. 삽으로 차를 둘러싼 눈을 파내 본다. 속으로 하나 둘, 하나 둘, 하고 리듬을 실어 외치며 하염없이 눈을 파내는 시간. 정신을 차려 보면 몸은 땀범벅에 얼굴은 콧물로 얼룩져 있다.

눈 모자를 쓴 가나자와의 산들

이렇게 힘들건만 한겨울의 추위와 눈은 정말이지 사랑스럽다. 자연이 보여 주는 것과 내주는 것에는 앞뒤가 따로 없기 때문 아닐까? 득과 실을 따지지 않는 그대로의 모습이 참 좋다.

4장

하루하루가
쌓여
'정성스러운 생활'이 된다

01

나만의 속도 생각하기

무서울 만큼 빠르게 변해 가는 세상에서, 우리는 매일 많은 정보를 접하고 그만큼 많은 결정을 한다. 세상에는 편리한 것이 많고 그 덕을 보기도 하지만 변해 가는 속도가 모두에게 맞는 것은 아니다. 적어도 나에게는 그렇다. 매일매일을 정보의 홍수 속에서 살고 있는 건 아닐까 걱정스럽기도 하다. 무서운 속도로 들이닥치는 정보를 모두 받아 내다 보면 정보에 휩쓸려 어질어질하고 때로는 겁도 난다. 그러니 내가 받아들일 수 있는 만큼만 정보의 바다와 발맞추며 지내고 싶다.

요즘은 무엇이든 어렵지 않게 손에 넣을 수 있다. 예전에는 궁금한 것이 있으면 도서관에 가서 자료를 찾고, 필요한 물건을 사려면 이 가게 저 가게를 돌아다녀야 했다. 원하는 정보와 물건을 얻으려면 시간은 지금보다 배로 걸렸고 끝끝내 구하지 못할 때도 있었다. 하지만 이제는 손가락만 까딱하면 원하는 정보와 물건을 얻을 수 있다.

세상의 속도를 온몸으로 맞는다는 것은 창문을 내리고 차를 몰 때와 비슷하다. 내 한 몸으로는 죽었다 깨어나도 낼 수 없는 속도를 온몸으로 맞으며 달리는 느낌. 속도에 몸을 내맡기면 시원하고 신도 나지만 두 발로 걸을 때는 느끼지 못했던 피로감이 뒤늦게 밀려온다. 몸은 긴장되고 눈은 건조하고, 몸이 받는 중력 때문인지 띵하고 묵직한 고단함까지. 달리는 차처럼 빠른 속도가 우리에게 늘 편할 수만은 없다.

달리는 차가 세상의 속도라면 두 발로 내딛는 걸음은 있는 그대로의 편안한 속도다. 어느 쪽이 좋고 나쁜지를 따지려는 것은 아니다. 나는 차의 속도도 좋아한다. 하늘을 나는 새와, 흘러가는 경치와 함께 나란히 달릴 수 있으니까. 하루만 있으면 멀리 나가 바람 쐬고 오기에도 넉넉하다.

그렇지만 내가 타고난 속도인 발걸음 역시 소중히 여기고 싶다. 걸으면서 바라보는 세상은 느긋하다. 때로는 조그마한 감동이 고개를 내밀기도 한다. 낮잠 자는 길고양이, 계절을 알려 주는 꽃과 풀잎이 한들거리는 속도, 이 모든 것들의 그림자와 소리와 향기. 나만의 속도가 얼마나 기분 좋은지 알기에 달리는 차의 속도도 즐길 수 있다.

사람마다 보폭이 다르듯 가장 편안하게 느끼는 속도도 제각각일 터. 나의 보폭을 알면 주변 상황과 속도가 어떻든 마음 편하고 가뿐하게 지낼 수 있다.

나만의 보폭을 알 수 있는 단서는 매일매일의 일상에 흩어져 있다. 마음이 흐뭇해지는 일상 속 사소한 행동을 하나하나 떠올려 보자. 그러다 보면 나에게 꼭 맞는 속도가 눈에 들어오기 마련이다.

나는 먹을 때, 그리고 음식에 맞춰 술잔을 기울일 때 더할 나위 없이 행복하다. '여기에는 그 술이 딱이겠어.' 하고 머릿속에 그려 보는 기쁨이란! 이렇게 꼭꼭 씹어 음미하고 싶은 소중한 시간은 달리는 차 안에서는 맛보기 힘들다. '쌉싸름한 봄나물 튀김엔 산미가 살짝 도는 전통주가 어떨까? 레몬즙 뿌린 것처럼 산뜻할 거야!' 이렇게 음식과 어울리는 술을 한참 동안 흐뭇하게 떠올린다. 그러고는 직접 먹어 본다. '그래, 이거지! 아, 행복하다.' 비로소 나만의 보폭, 나만의 속도로 걸으며 나의 감각을 오롯이 느끼고 있음을 실감한다. 더할 나위 없이 즐거운 여유로움, 시간이 멈춘 듯한 느낌, 시간을 잊을 것만 같은 느낌. 잠시라도 좋으니 소중히 여기고 싶은 느낌들이다.

서둘러 걸을 때도 나만의 보폭을 떠올리면 도움이 된다. '이렇게 하라더라.', '보통은 이렇게들 한대.' 나와 남의 보폭이 결코 같을 수 없음을 알고 나면 꼭 남들처럼 하지 않아도 괜찮다는 사실을 깨달을 수 있다.

내가 지닌 속도의 편안함. 나의 속도는 눈에 잘 보이지 않고 알아채기도 힘들지만 그렇기에 더욱 잘 살피고 싶다. 그리고 언젠가 나에게 꼭 맞는 속도를 발견하고 싶다.

술과 잘 어울리는 음식을 떠올리는 즐거움

02

정성스러운 생활이란 1은 2, 2는 4가 되는 것

매일 하는 집안일은 보통 정해져 있다. 나는 아침에 집안일을 몰아서 하는 편인데, 양이 많은 편인지 적은 편인지는 여전히 잘 모르겠다. 나보다 정성껏 집안일을 하는 이도 있을 테고, 단출하게 하루 집안일을 마치는 이도 있을 터.

저마다의 생활 방식에 따라, 어디에 무게를 두느냐에 따라 집안일의 양은 달라진다. 나는 아침에 일어나자마자 매일 하는 일을 반복하며 조금씩, 넓고 얕게 집안일을 하고 싶다.

글자로 나열하면 해야 할 집안일이 산더미인 듯 보이지만 전부 성심성의껏 하는 건 아니다. 꽤 거칠게 겉핥기로 집안일을 해치운다. 마치 네모난 공간을 둥그런 걸레로 닦듯이 군데군데

빈틈이 있지만 이 정도면 충분하다. 집안일을 꾸준히 할 수 있었던 이유이기도 하다.

물건을 버리고 집을 막 가꾸기 시작했을 때는 바닥 먼지를 닦는 일조차 만만치 않았다. 날마다 청소라니, 지금까지의 내 모습을 생각하면 어림도 없었다. 하기 싫다는 게 솔직한 마음이었다. 지금껏 그랬으니까, 앞으로도 특별한 계기가 없으면 청소에 손을 대지 못할 것 같았다. 집안일은 할 수만 있다면 피하고 싶은 일이었다.

어제 쓴 타월로 쓱 닦기

↓

세탁기 돌리기

↓

침실 정돈

↓

집 안 쓸기

↓

화장실과 현관 쓸기

↓

업무용 책상 청소

↓

빨래 널기

↓

주방 정돈

↓

집 안 바닥 닦기

↓

화장실과 현관 바닥 닦기

말하자면 산을 오를 체력이 없었던 셈이다. 느닷없이 몇 시간 동안 산을 타기는 힘들 테고, 그럴 자신도 그래 본 경험도 없었다. 때마침 등산을 시작하면서 체력과 경험에 관해 생각하다가 깨달았다. 모든 집안일을 하루아침에 뚝딱 잘할 수는 없다는 사실을.

어떻게든 되겠지. 무던한 성격 특유의 가벼운 마음으로 등산에 도전했었다. 아무런 준비 없이 어림도 없는 체력으로 도전했던 등산에서 시원하게 깨지고 난 뒤 보란 듯이 되갚아 주겠노라 이를 갈았다. 종잇장 체력에 충격은 받았지만, 충격을 받은 만큼이나 새로운 세계를 맛보게 해 준 등산의 매력에 금세 빠져들었다.

그 뒤로 매일 계단을 오르내리며 체력을 키웠다. 등산 코스의 소요 시간도 꼼꼼히 메모했다. 등산 가방 메는 요령과 산길 걷는 방법, 등산용 지팡이 사용법도 책으로 공부하며 산에 대해 차근차근 알아 나갔다. 그런 다음 같은 산에 다시 도전했다. 돌이켜 보면 이렇게 치열했던 적도 없었다. 그 뒤로도 몇 번이나 쓰라린 경험을 해야 했지만 등산을 통해 나의 몸, 내가 사는 집, 자연에 대해 다시 생각해 보게 되었다. 그렇게 나는 등산에 푹 빠졌다.

'몸을 어떻게 움직이느냐에 따라서 이렇게 피로감이 다르다니!', '체력을 신경 쓰며 지내기만 해도 이렇게 몸이 다르구나.' 아직 모른다는 것은 멋진 일이다. 무언가에 관심을 쏟고 지식과 경험이 내 것이 되는 느낌은 상쾌하기까지 하니 말이다.

집안일이라고 등산과 다르지 않을 것 같았다. 심지어 집안일은 등산보다 안전하지 않은가. 처음부터 상급자 코스는 힘들더라도 초보 코스에서부터 차근차근 체력과 경험을 쌓으면 생각지도 못했던 세계를 만날 수 있지 않을까? 그래서 매일 하는 집안일도 초보 코스부터 발을 떼 보기로 했다.

처음부터 집안일을 다 잘할 수는 없었다. 지금이야 매일 주방에서 현관까지 쓰레질을 하지만, 처음에는 매일 현관 쓰레질을 한다는 건 어림도 없는 일이었다. 하지만 빨래, 바닥 쓸기, 주방 정돈을 할 수 있게 되자 이런 생각이 들었다. '기왕 빨 거니까 한 번 닦고 나서 빨까?', '화장실 청소도 같이 하면 어떨까?' 조금씩 할 수 있는 집안일이 늘어나고 경험이 쌓이면서 자신감도 붙었다.

이제는 집안일을 그럭저럭 해낸다. 등산으로 치자면 막 체력이 붙기 시작한 상태라고 할까? 기초 체력이 붙었다고는 해도 '체력 빵점'이었던 사람이 걸을 수 있는 거리가 조금 늘어났을 뿐이지만 말이다. 그럼에도 일상에서는 이런 작은 변화가 늘 흐뭇하기 마련이다.

03

내 마음과
대화하기

어릴 적 마음속에 그려 보았던 집안일과 현실의 집안일은 달랐다. 집안일 좀 한다는 사람들은 청소, 빨래, 요리 정도는 거뜬히 해내고 늘 바지런히 움직이며 집을 가다듬을 거라는 환상이 있었다. 얼마나 멋진가. 나도 당연히 그렇게 살아갈 것으로 생각했다.

하지만 직접 집안일을 해 보며 깨달았다. 온종일 집안일만 하고 있을 수도 없을뿐더러 집안일을 완벽하게 하고 싶다는 것이 얼마나 터무니없는 바람이었는지. 사실은 집안일이 아니라 다른 것들에 마음이 가 있었는지도 모른다. 집안일이 하기 싫었던 거다.

대체 무엇이 다른 걸까? 늘 궁금했다. 현실이든 가상 공간이든, 남의 생활을 가까이에서 바라보면 제법 분위기도 있고 반짝반짝 빛나 보인다. 그런데 책이나 영화 속 세상, 잡지에 나오는 멋진 생활과 나의 현실은 왜 이리 다를까? 아무리 생각해도 이유를 알 수 없었다.

오랫동안 궁금했는데 물건을 버리면서 조금씩 의문이 풀렸다. 가장 중요한 사실을 놓치고 있었다. 나는 마음을 다해서 지내고 있지 않았다. 겉으로 보이는 번지르르한 생활만 흉내 내려했을 뿐이었다.

돌이켜 보니 집안일을 하고 집을 가꾸는 나의 목적은 그저 집안일을 하는 것이었다. 집안일을 하고 집을 돌보는 매 순간에 온전히 마음이 담겨 있지 않았다. 형식에 얽매여서 내 기분이 어떤지는 미처 살피지 못했다. "Don't think, feel(생각하지 말고, 느껴라)." 누가 이렇게 말해 주었다면 좀 나았을까?

그래 봐야 살림이잖아.
아무리 잘해 봐야 집안일인걸.

매일 하는 일인데 이렇게 무미건조하게 흘려보낼 수는 없었다. 하루하루가 쌓이면 무언가 달라질 것 같았다. 하루의 집안

남의 생활과 내가 평온하게 느끼는 생활을 비교하는 것은 마치 도토리 키 재기

일을 다 해내도 즐겁지 않았던 것은, 집안일을 다 끝낸 뒤의 상쾌하고 뿌듯한 기분을 마음껏 누리지 못했기 때문이었다. 얼마나 안타까운 일이란 말인가. 마음속에서 샘솟는 즐거움과 행복, 안도감과 기쁨. 그 밖의 여러 선명한 감정들. 이런 것들을 느끼지 못하는 일상은 어딘지 쓸쓸하다.

아무리 조그만 감정일지라도, 내 마음속에 어떤 감정이 깃들어 있는지 알면 어떤 일상이든 씩씩하게 헤쳐 나갈 수 있지 않을까? 집안일이 마음과 일상의 다리가 되어 준다면 더할 나위 없이 좋고.

물론 집안일을 해낸다는 사실도 중요하지만, 집안일을 마친 뒤 찾아오는 날아갈 듯 상쾌한 기분이 있기에 집안일을 이어 갈 수 있다. '세상에서 가장'까지는 아니어도 된다. 그저 마음이 잠시 편안하고, 소소한 성취감과 작은 기쁨을 느낄 수만 있다면. 작은 기쁨이 모여 만족감이 되고, 만족감이 나날이 쌓이면 마음이 얼마나 평화로울까? 그래서 오늘도 조용히, 잠시 평화로운 기분을 음미해 본다.

04

물 한 방울이 모여 강이 되고

물건이 집에 가득할 때는 무엇을 가지고 있는지 다 알지 못해 마음이 늘 어수선했다. 어떻게 하면 마음을 가다듬을 수 있을지 고민하다가 쓰지 않는 물건을 버리고 정돈해 보기로 했다.

어수선한 마음을 정리하는 데 물건 정리가 얼마나 도움이 될지는 모르겠지만, 모르면 겪어 보는 게 최고라며 나를 다독였다. 지금 나에게 무엇보다 필요한 것이 물건 정리라는 사실은 직감으로 알 수 있었다.

물건을 정리하면 한결 쾌적해질 것 같기는 한데, 물건을 처음 버릴 때는 안개 낀 듯 앞이 보이지 않아 불안했다. '안개등을 비추며 차근차근 가다 보면 언젠가는 목적지에 다다르겠지.' 안

개 자욱한 이 길 끝에 틀림없이 목적지가 있을 거라며, 금방이라도 꺾일 듯한 마음을 다독이면서 물건을 버렸다.

집은 점점 깨끗해지는데 내 마음도 잘 정리되고 있는 걸까? 이렇게 시간을 들였는데 목적지에 닿지 못하면 어떡하지? 이런 불안감에 사로잡혀서 상상의 나래를 펼쳐 가며 전전긍긍했다. 상상력은 정말이지 무섭다.

쓸모를 잃어서 버려두다시피 했던 물건들이 쏟아져 나온 집은 혼돈 그 자체였다. 집을 정리하는 것은 보통 일이 아니었다. '두면 쓸까?', '여기에 무얼 둘까?' 비는 시간이라도 생기면 나 자신에게 이렇게 물었다.

정리인지 어지르기인지, 물건을 정리하는 동안 우리 집은 딱 보기에도 처참했다. 집이 정신 사나우니 마음도 편치 않았다. 그래도 그때 정리하길 정말 잘했다. 물건을 정리하면서 마음도 한결 말끔해졌으니까.

저 끝에는 무엇이 기다리고 있을지 목적지에 다다르기 전에는 불안하기만 했다. 지금껏 물건을 하나하나 들여다보며 정리해 본 적이 없었고, 물건을 비워 내는 작업은 청소와는 또 다른 낯선 일이었다.

말끔히 정돈된 주방은 산뜻하다.

무언가를 가지고 싶다는 생각은 옆으로 슬며시 밀어 둔 채 내 곁의 혼돈을 하나하나 살폈다. 서랍 하나가 말끔해질 때마다 느껴지는, 말로 다 못 할 뿌듯함. 집은 여전히 어지럽고 정신 사나웠지만, 서랍 하나 말끔히 정리되었다는 사실만으로도 혼돈 속에 빛 한 줄기가 스미듯 뿌듯했다. 그렇게 아른거리는 빛을 바라보며 담담히 정리를 이어 간 나날.

워낙 정리가 서툰지라, 정리 정돈을 하기 전에 물건을 먼저 줄여 보기로 했다. 일단 무언가를 버리고 나면 그다음에 무엇을 버려야 할지 차례차례 눈에 들어온다. 쌓아 둘 때는 하나같이 쓸모 있어 보였던 물건들. 하지만 물건을 버리는 데 점차 익숙해지자 마음도 돌아볼 수 있게 되었다.

물건을 버리는데 왜 마음이 정돈될까? 의아하게 생각할 수도 있지만, 물건을 나 몰라라 하는 대신 나에게 쓸모가 있을지 살피는 습관을 들이면 다음 두 가지를 구분할 수 있게 된다.

•꼭 하지 않아도 되는 일
•진짜 내가 하고 싶은 일

해 보고 싶었던 일이었는데 막상 해 보면 나와는 잘 맞지 않는다는 점을 깨닫기도 하고, 정말 하고 싶은 일을 한가운데에 두고 시간을 짜 볼 수도 있다. 마음이 정돈되면 생각은 물론 마음도 여유로워진다. 마음에 바람이 솔솔 통하면 훨씬 가뿐하고 마음 편히 지낼 수 있다.

사실은 나도 물건을 정리하면 마음이 정돈된다는 말을 반신반의했던 적이 있다. 물건을 비우면 마음이 말끔해지고 정말로 하고 싶은 일이 무엇인지 가려낼 수 있게 될 거라고는 직접 겪어 보기 전에는 생각하지 못했다.

'잘 모르겠지만 아무튼 좋겠지.'라는 생각으로 하나둘 정리해 나갔다. 점점 정돈되어 갈수록 물건과 내 감정이 어떻게 이어져 있는지 돌아볼 수 있었다. 계속 쓸 물건인지 하고 싶은 일인지도 가려낼 수 있게 되었다. 이제는 정말로 하고 싶은 일에 시간과 에너지를 쏟을 수 있다. 그래서 지금은 늘 마음이 편안하다.

만에 하나 마음에 파도가 일어도 다시 돌아올 자신이 있다. 한 번도 겪어 보지 않은 일, 앞을 알 수 없는 일이라 해도 일단 해 보면 무언가로 이어질 거라고, 물건을 비워 본 경험이 일깨워 주었다. 단 하나의 빛줄기에서 펼쳐지는 세상은 정말이지 기분 좋다.

05

생활에서
나를 알다

햇빛이 쨍한 날 빨래를 말리는 시간. 해 떨어지기 전 튀김 요리를 할 때의 지글지글 소리. 블라인드 사이로 빼꼼 고개를 내미는 달.

밤하늘에 빛나는 무수한 별들처럼, 잘 살펴보면 셀 수 없이 많지만 주위의 밝은 빛에 가려져 눈에는 잘 띄지 않는 작은 불빛. 무심하게 흐르는 일상에 깃들어 있는 기쁨의 순간. 또는 한 걸음 뒤로 물러서게 되는 찜찜한 순간. 모른 척 지나치자면 얼마든지 그럴 수 있는 작은 일들의 소중함.

'어쩌면 나는 나를 잘 모르는 걸지도 몰라.' 일상의 작은 일들을 의식적으로 느껴 보아야겠다고 생각한 것은 이런 생각이

스멀스멀 들 때였다. 내가 알고 있는 내가 진짜 내 모습이 아닌 것 같은 막연한 불안감에 사로잡혀 있었다.

어느 책에서 "생각과 말을 일치시키자."라는 문장을 읽고 나서야 나는 이것조차 못하고 있음을 깨달았다. 생각? 진짜 내 생각은 뭘까? 스스로 되물으면 그대로 생각이 멈춰서 머리가 멍해졌다. 아니, 꽁꽁 얼어붙었다.

몇십 년 동안 나로 살아왔건만 정신을 차려 보니 나에 대해 아는 것이 하나도 없다니, 아차 싶었다. 물건을 애지중지하기 전에 나 먼저 소중히 돌보았어야 했다. 나인데 내가 아닌 듯한 기분이었다. 이 사람은 대체 누굴까?

나에게 크게 관심을 둔 적이 없으니 내가 정말로 어떤 사람인지 생각해 볼 기회도 없었다. 나에 대해서는 당연히 내가 잘 안다고 착각하고 있었다. 그렇게 방치된 나는 빳빳하게 굳어버린 스펀지처럼 아무리 물을 부어도 빨아들이지 못하는 상태였다.

낯선 나를 알기 위해, 하루의 좋은 일과 나쁜 일을 내가 어떻게 느끼는지 살펴보기로 했다. 방법은 무척 단순했다.

기쁜 일이 생기면 '방금 기쁘다고 느꼈어!'
불편한 일을 겪으면 '지금은 화난다고 느꼈어!'

이렇게 그저 느낀 감정을 되짚어 보고 '느꼈다.'라고 속으로 되뇐다. 처음에는 내 감정에 나조차 긴가민가했고, 그렇게 느끼지 않았으면서 '느꼈다.'라고 거짓으로 되뇌기도 했다. 그럼에도 꿋꿋이 확인을 거듭하자 내가 부드럽게 풀어지는 듯한 느낌이었다.

내가 느낀 감정을 두고 어떻게 하면 마음이 편해질지 생각하는 습관도 생겼다. 내가 어떻게 느끼는지 깨달으니 한결 마음이 편했다. 마음 한구석에 불편함을 안고 지냈던 예전에는 나 자신을 바로 볼 수 없을 만큼 불안했던 것이다.

- 활짝 갠 날 빨래 너는 상쾌함은 말로 다 못 하지!
  이참에 계속 미뤘던 커튼도 빨아 보자.
- 저녁에 튀김 요리를 하면 석양빛을 받아 기름이 반짝반짝!
  소리까지 기가 막히니 꼭 튀김 스테이지 같네.
- 휴일엔 일찌감치 해야 할 일을 마치고 튀김을 해야겠다.
  휴일 계획 완성!

위) 햇볕이 쨍한 날 빨래를 말리는 시간
가운데) 지글지글 소리를 들으며 해 둔 튀김
아래) 블라인드 사이로 빼꼼 고개를 내민 달

내가 느끼는 것들은 나의 생활 곳곳에 흩어져 있다. 그저 평범한 일상에 시선을 돌리기만 하면 되는 것이었다. 이러한 깨달음은 나의 생활과 나 자신을 소중히 여기는 방법을 슬며시 알려 주었다.

06

크지 않은 한 걸음

처음 떼 보는 걸음. 길의 폭과 높낮이는 어떤지, 앞으로 펼쳐질 풍경은 어떨지, 이 길이 어디까지 이어질지 온통 처음 겪는 일들이라 첫발을 어떻게 떼면 좋을지 감이 잘 오지 않는다. 하지만 첫걸음이 있어야 그다음도 있는 법이다.

등산로 입구까지 올라와서 발길을 돌리면 입구 너머 미지의 세계와는 만날 수 없다. 딱 한 발짝만 내디디면 본 적도, 느껴본 적도 없는 세계가 우리를 반긴다.

그리고 시작하는 마음을 소중히 붙잡아 둘 것. 일상에서도, 업무를 할 때도, 삶을 살아가면서도 늘 염두에 두는 부분이다.

정말로 그렇게 하고 싶은가?

하고 싶은 일보다는 잘할 수 있을 듯한 일에 마음이 기울고 마는 나이기에, 머리로 생각하기보다는 왠지 모를 느낌을 붙들고 싶다. '할 수 있겠어.'가 아니라 '조금 까다롭긴 해도 해 보고 싶어.', '재미있겠다.' 하는 마음으로 무언가를 시작하고 싶다.

아무리 작더라도 일단 첫걸음을 내디디면 자연스레 무언가가 시작된다. 걷다가 잠시 멈춰 서도 괜찮다. 마치 흙에서 싹이 움트듯 첫걸음은 끝없는 가능성을 품고 있다.

집안일 루틴도 마찬가지다. 처음 시작은 아주 작아서 루틴을 만들자는 생각은 해 보지도 않았는데, 문득 정신을 차려 보니 이런저런 집안일이 한데 모여 루틴이 되어 있었다. 하루의 집안일을 어디부터 손대면 좋을지 감이 잘 잡히지 않았지만 잘될 것 같다는 보람을 조금씩 느끼면서 부담스럽지 않은 만큼의 양을 몸에 익혔다.

'어디에 무게를 두고 청소해야 손이 덜 가면서도 쾌적할까?' 첫걸음이 있었기에 이런 고민도 할 수 있었다. 막상 걷다 보면 이렇게 새로운 풍경을 만나기도 한다. 미처 생각하지 못했던 풍경을 볼 수 있다는 점도 걷기의 묘미다.

작은 걸음이 성장으로 이어진다.

일상에서는 첫걸음을 내딛기가 한결 수월하다. 산뜻하게 지내려면 어떻게 해야겠다는 마음이 절로 들기 때문이다. 대단한 일이 아니어도 괜찮다. '여기 얼룩이 계속 신경 쓰인단 말이지. 청소하는 김에 여기도 같이 해야겠어.', '아침 빨래를 돌리기 전에 타월로 샴푸 병과 린스 병 바닥을 닦아 볼까?' 이 정도의 걸음이면 충분하다.

작은 걸음이 꾸준히 이어지면 마음이 흐뭇하다. 오래가지 않는다면 나와는 잘 맞지 않았음을 받아들이고 새로운 방법을 고민해 보면 그만이다. 이렇게 내디딘 작은 걸음이 마음을 가다듬어 준다. 작은 걸음이 시나브로 쌓이면 문득 뒤를 돌아보았을 때는 꽤 먼 거리가 된다. 직접 겪어 보지 않았다면 몰랐을 사실이다.

07

생활의 기쁨을 깨닫다

넉넉함은 다름 아닌 내 안에 있다. 넉넉한 기분이 깃든 순간 순간이 이어지면 '지금'의 연속이 된다. '어제는 이랬지. 내일은 이렇게 해야지. 앞으로는 어쩌지?' 어떤 식으로든 생각할 수 있는 것들이지만 중요한 것은 우리에게는 '지금'밖에 없다는 사실이다.

앞으로 어떻게 될지는 알 수 없다. 그렇다면 '지금'에 온 마음을 쏟는 것이 큰 힘 들이지 않고도 넉넉한 마음을 지닐 수 있는 방법 아닐까? 내가 생각한 일만 벌어진다. 선뜻 믿기지 않겠지만, 생활은 나에게 이 말이 사실임을 일깨워 주었다. '지금'은 살아 있는 동안 끊임없이 이어지는 생활 그 자체다. 그래서 넉넉한 마음은 언제 어디에든 있다. 지금 이 순간을 소중히 할지 소홀히 할지는 고스란히 나의 몫이고, '지금'을 어떻게 쓸지도 나 하기 나름이다. '지금'을 어떻게 쓰면 좋을까 하는 고민에는 내가 좋아해 마지않는 자유가 꽉꽉 들어 있다. 그래서 생활에 매력을 느끼는지도 모른다.

멋진 어른이 되고 싶다는 생각에 하루하루가 버거웠을 때는 생활보다 겉으로 보이는 모습과 이름 앞에 붙는 수식어, 업무 능력, 적금 같은 것들에 더 신경을 썼다. 죽기 살기로, 온 힘을 다해서, 뒤처지지 않으려고, 남들에게 무시당하지 않으려고. '멋지고 딱 부러지는 제대로 된 어른이 되어야 해! 그래야 내 삶이 풍요로워지니까.' 막연히 이렇게 생각했다.

하지만 문득 깨달았다. 진짜 풍요는 마음 깊은 곳에서 우러나오는 느낌이라는 사실을. 내 마음속 넉넉함을 생활에서 하나씩 발견해 나가기 시작했다.

생활 속에서 나만의 넉넉함을 발견했을 때의 느낌은 신기하게도 마치 상처가 아물 때와 비슷했다. 아파서 힘이 바짝 들어갔던 곳이 조금씩 아물어 긴장이 풀리고 몸이 편안해졌다.

내 곁에 당연하게 자리한 넉넉함은 공기처럼 어디에든 있지

생활은 각양각색

만 보이지는 않아서 곁에 있음을 이내 잊곤 한다. 사소한 일이어도 지금 어떻게 느꼈는지 되묻고 마음을 느끼면 이내 '지금'으로 돌아올 수 있다.

몸에 깃든 긴장을 풀고 가뜬하게 살고 싶다. 생활을 가꾸는 데 푹 빠져 지내는 이유이기도 하다. '나는 어떻게 느끼는가?' 이렇게 흔한 생각 속에 나의 행복과 평온이 있었다. 생활이라는 길을 어떤 속도로 거닐든 무엇을 목적으로 삼든 좋다. 저마다 좋을 대로. 우리한테 주어진 매일의 생활에는 이런 자유가 담뿍하다.

칼럼 6

초봄

깊은 잠에서 깨어나 한껏 기지개 켜는 봄이 좋다. 봄이 찾아들기 전부터 이미 곳곳에 스민 봄기운에 마음 설렌다. 봄의 예감만으로도 이미 행복하다. 아직 꽤 춥지만 벚꽃 봉오리는 부풀어 오르고 목련은 이미 폭신하다. 그 사랑스러운 모습에 절로 미소가 번진다. 겨우내 단단히 움츠러들었던 몸이 따스한 봄기운을 받아 스르르 풀리는 느낌이 자연 경관과 어우러져 괜스레 더 기쁘다.

쌀쌀한 공기가 거의 걷혀 갈 때쯤이면 벚꽃이 하나둘 피어난다. 그러면 내 마음도 덩달아 붕붕 들뜬다. 벚꽃이 피면 마치 봄이 보내온 편지를 받아 든 것만 같다.

연둣빛이 움트기 시작한 산책로를 따라 걷다 보면 왠지 저기쯤에 봄나물이 자라나고 있을 것만 같다. 산에 발을 들이면 발아래 낙엽이 경쾌한 소리를 자아낸다. 산새의 지저귐과 연둣빛 잎이 바람에 나부끼는 소리가 아름다운 하모니를 이루면 나도 모르게 귀가 쫑긋.

매년 보물찾기 하듯 봄나물을 캘 때가 더없이 행복하다. 자연에는 그저 고마운 마음뿐이다. 매년 친척에게 봄나물을 한가득 받아 손질하는 것도 이 계절만의 즐거움이다. 고운 초록색을 바라보며 한가득 쌓인 봄나물을 태평히 다듬는 시간. 지난해엔 어땠는지 떠올리며 식탁에도 봄의 빛깔을 입혀 본다. 나를 깨워 주는 작지만 소중한 기쁨이다.

정말 좋아하는 봄나물인 고사리는 줄기 아래쪽 단단한 부분은 똑 따 내고 탄산수소 나트륨 가루를 알맞게 뿌린 다음 뜨거운 물에 하룻밤 담가 둔다. 다음 날이면 봄나물과 다진 고사리로 봄의 기쁨을 한껏 누릴 수 있다. 고사리는 잡초처럼 강인해서 초여름을 넘겨도 잘만 자란다. 이렇게 강한 생명력도 내가 고사리를 좋아하는 이유다. 여름 나물이 나기 시작해 사람들이 더는 눈길을 주지 않아도 길 한편에서 쑥쑥 자란다. 여름이 찾아올 즈음엔 나 역시 여름 나물에 푹 빠지지만, 고사리를 곁눈질로 바라보며 내년에도 잘 부탁한다고 응원을 보낸다.

겨울에서 봄으로 넘어가는 순간과 자연이 나누어 준 선물

마치며

정성스러운 생활은 저마다의 마음속에 있다. 스스로 갈고닦을수록 생활은 반짝반짝 윤이 나기 마련이다.

생활이 좋아서, 때로는 집안일로 끙끙 고민했고 마음처럼 되지 않는 집안일 앞에서 고개를 푹 숙이기도 했다. 좋아하지만 서툰 부분을 들여다보는 일이 쉽지만은 않았다. 그러나 돌이켜보면 이런 과정이야말로 안온한 생활의 문을 열어 주는 열쇠였다. 그래서 생활은 즐겁다. 좋아하는 일을 한다는 건 즐겁다.

처음부터 정성스럽게 지내야겠다고 생각했던 것은 아니었는데 문득 돌아보니 그렇게 지내고 있었다. 온 마음을 담아서 지내고 있었다. 얼마나 멋진 일인지. 생활을 생각하는 뜨거운 마음은 여전히 식을 줄을 모른다. 산뜻한 생활을 위해서라면 어디까지든 갈 수 있을 것 같다.

이 책을 골라 주셔서, 그리고 읽어 주셔서 정말로 고마울 따름이다. 마음 깊이 감사드린다.

asako

나를 아끼는 정성스러운 생활

초판 1쇄 발행 2023년 8월 18일

지은이 아사코 | **옮긴이** 백운숙
펴낸이 김영조
교정·교열 한지연 | **편집** 김시연 | **디자인** 이병옥
마케팅 김민수 | **제작** 김경묵 | **경영지원** 정은진
펴낸곳 싸이프레스 | **주소** 서울시 마포구 양화로7길 44, 3층
전화 (02)335-0385/0399 | **팩스** (02)335-0397
이메일 cypressbook1@naver.com
홈페이지 www.cypressbook.co.kr
블로그 blog.naver.com/cypressbook1
포스트 post.naver.com/cypressbook1
인스타그램 싸이프레스 @cypress_book | **싸이클** @cycle_book
출판등록 2009년 11월 3일 제2010-000105호

ISBN 979-11-6032-208-8 13590

• 이 책은 저작권법에 따라 보호는 받는 저작물이므로 무단 전재 및 무단 복재를 금합니다.
• 책값은 뒤표지에 있습니다.
• 파본은 구입하신 곳에서 교환해 드립니다.
• 싸이프레스는 여러분의 소중한 원고를 기다립니다.